# 寻回天真

## 找到老年生活的舒适区

陈震海

主编

金梦瑶 刘诗韵

副主编

SPM
南方传媒 | 广东人民出版社

·广州·

图书在版编目（CIP）数据

寻回天真：找到老年生活的舒适区 / 陈震海主编；

金梦瑶, 刘诗韵副主编. -- 广州：广东人民出版社，

2025. 7. -- ISBN 978-7-218-18384-8

Ⅰ. B844.4-53

中国国家版本馆CIP数据核字第2024FW2547号

XUNHUI TIANZHEN —— ZHAODAO LAONIAN SHENGHUO DE SHUSHIQU

# 寻回天真—— 找到老年生活的舒适区

陈震海　主编　金梦瑶　刘诗韵　副主编　　版权所有　翻印必究

出 版 人：肖风华

**责任编辑：**黄洁华　郑方式
**责任技编：**吴彦斌　赖远军

**出版发行：**广东人民出版社
**地　　址：**广州市越秀区大沙头四马路 10 号（邮政编码：510199）
**电　　话：**（020）85716809（总编室）
**传　　真：**（020）83289585
**网　　址：**https://www.gdpph.com
**印　　刷：**广东鹏腾宇文化创新有限公司
**开　　本：**787 毫米 × 1092 毫米　1/16
**印　　张：**11.25　　**字　　数：**150 千
**版　　次：**2025 年 7 月第 1 版
**印　　次：**2025 年 7 月第 1 次印刷
**定　　价：**48.00 元

# 丛书编委会

总主编：熊　军

主　编：张信和　张国杰

编　委：陈雪曼　孙　彬　郭　文　刘　燕

　　　　李耀喜　辛妙菲　郑　亚

## 顺应自然，通情达理，方得始终

人生在世几十年，我们对于自己、对于自然万物的了解和感知可能并没有想象中的那么多，甚至是知之甚少，无知无觉。

大自然有一套运行规律，我们的身体也会随着自然气候及地理条件等环境因素的变化有不同的反应。历史洪流奔腾向前，永不停息，社会上的人与事，大多非我们所能左右。而所有这些因素，每时每刻都在对我们的身体和内心产生影响。

我们要踏好大自然的节奏，顺应社会发展潮流，感知身心变化，适应社会人事变迁，平和内心起伏。在自然界中，在社会中，找到属于自己的舒适区，把生活过得顺心一点，舒坦一点。

# 目 录

# 一

# 医道长存

## ❧ 知道者，尽天年

《素问·上古天真论》："上古之人，其知道者，法于阴阳，和于术数，食饮有节，起居有常，不妄作劳，故能形与神俱，而尽终其天年，度百岁乃去。"

我们生活在自然界中，无可避免地与大自然亲密接触，容易受到自然界的各种因素影响，当自身的生活或活动与自然不协调或者冲突时，就会产生一些相应的症状或者疾病。中医认为大自然中存在的"六气"，是指风、寒、暑、湿、燥、火六种气候现象。但当这"六气"发生太过或者不及，就会演变成"六淫"病邪（风、寒、暑、湿、燥、火六种病邪的统称），这些都是导致身体发病的外在因素。

除了面对来自自然界的挑战外，我们生活在不同时代的社会中，会面对不同的社会状态、人际关系、经历际遇等社会因素，置身其中难免受到各方面压力及负面情绪影响。还有生活起居、饮食习惯等方面带来的潜在内在致病因素。这些负面因素会直接或者间接引发身心的不适和疾病。

这些不适和疾病虽难以避免，但也不可怕。相应地，古人很早就已经认识到，无论是自然界、社会，还是人体内部组织，都有各自的运行规律，这些不受人的意志影响的规律被称为"道"，如果没有遵循这些客观运行规律，人体就会受到相应的惩罚，承担相应的后果。相反，只要了解和掌握这些规律，并且找到自身在各个运行规律中的位置以及之间的"相处之道"，再通过制定一系列合适的方法策略、技术手段、行为准则来应对，就可相应地减少人体受到自然界和社会的各种负面影响，就能更好地追求"形神俱备、精神爽朗、尽其天年"的人生状态。

也正是这种不断发现规律、尊重规律、顺应规律的精神和行动，奠定了千百年来中华文明"人与自然和谐共生"的价值取向。

## ◈ 中华文明宝库

早在两千多年前，我们的祖先就已经明确知道疾病不是神鬼所造成的，治愈疾病也不能依靠神鬼力量，而是需要尊重客观规律。只有找到身体产生症状和疾病的原因，以及发病机理，并采取相应治疗手段，才能药到病除。

《素问·宝命全形论》："若夫法天则地，随应而动，和之者若响，随之者若影，道无鬼神，独来独往。"

《神农本草经》从上古传说故事神农尝百草延伸而来，是秦汉时期成书、以神农氏命名的中药学经典；战国时期即出现了富有哲理寓意的《扁鹊见蔡桓公》经典故事以及相传由扁鹊所著的中医经典《难经》；东汉时期，外科圣手华佗的精湛医术以及他与曹操的恩怨情仇广为流传，同期"医圣"张仲景编著了影响千年的伤寒杂病临床经典之作《伤寒杂病论》；魏晋时期，王叔和编著了我国现存最早的脉学专著《脉经》；东晋时期，葛洪《肘后备急方》记录的"青蒿一握，以水二升渍，绞取汁，尽服之"，为现代青蒿素的发现和提取提供了灵感和方向；南北朝时期，梁代陶弘景在《神农本草经》和《名医别录》的基础上编著本草药学著作《本草经集注》。

隋代太医巢元方编著了我国现存最早的论述疾病成因和病理的专著《诸病源候论》，并记载了详细的养生导引方法。唐代，"药王"孙思邈编著临床方剂集《备急千金要方》（《千金方》）。唐代颁布了世界首部由政府组织编写的药学著作《新修本草》（《唐本草》）。孟诜编著了世界现存最早的食疗专著《食疗本草》，开创药食同源的食疗养生方法。宋代，钱乙开创中国医学史上的儿科；宋慈开创法医学，并著有世界上最早的法医学著作《洗冤集录》；唐慎微在《嘉祐补注神农本草》《图经本草》两书的基础上扩充编成宋代本草药物集成之作《证类本草》。宋代还出现了由官方组织、王怀隐等编撰的《太平圣惠方》及宋徽宗敕编的《圣济总录》等多部中医经典书籍。

金元时期，"金元四大家"刘完素、张从正、李东恒、朱丹溪各有所长，推动不同医学理论体系进一步发展。明代，李时珍编著中草药应用的集大成之作《本草纲目》。吴又可编著开创传染病研究先河的《温疫论》。清代，以叶天士为代表的"温病四大家"的温病学理论体系和治疗方法进一步发展。乾隆时期，太医吴谦主持编写了大型医学丛书《医宗金鉴》；徐大椿提出"用药如用兵，辨证施治犹如调兵遣将，排兵布阵"，并著有《医学源流论》。清末民初，医家张锡纯在接触现代医学后提出"衷中参西"。如今我国提出坚持中西医并重和优势互补，大力发展中医药事业，加强中西医结合。

中医学历经了两千多年的跨越，一直在前人的基础上，前赴后继地扩展和深入。中医药学家人才辈出、灿若繁星，历史或许无法一一详尽记载，但他们的著作成果和实践成效照耀着中华大地，守护着广大人民的健康。历代医家对中医中药进行持之以恒的探索和实践应用，所积累的经验弥足珍贵，使得中医学得以延续不断，让中华大地上的人民得以生生不息。

世界四大古代文明中，古埃及、古巴比伦、古印度已经成为历史，唯有中华文明得以延续至今，持续发展。中医学伴随着中华文明的发展，在全球范围内成为一种独特的医学存在。同时，中医学更是一种思维方式，与儒、道、释等中国传统哲学以及众多中华传统文化相互交织、相互渗透，潜移默化地影响和指导着每一个生活在中华大地上的人的生活习惯和思考方式。

这是一个积累了超过两千年的巨大宝库，值得我们去深入认识和发掘。如果懂得用中医思维、中医视角去感知和认识世界，将会帮助我们打开一个全新的视野。

## ☙ 此事难知

> 《素问·灵兰秘典论》："至道在微，变化无穷，孰知其原？"

医理是非常精妙和复杂的，世间万物、自然气候、人体自身也时时刻刻在不断变化。当今的气候条件、环境水土、饮食习惯、社会环境与百年前已经大为不同，身体状态与疾病都发生了很大变化。同时医学技术也在不断进步提升，对病因和发病机制的探究也更为微观、更为精准，以适应这些变化，解决新的问题。这一过程需要医药学家和众人不断进行大量实践，积累和感知，结合天、地、人、社会等方面因素进行综合考究和融会贯通。这也是中医思维的核心，一直传承至今。历代中医学家深知这个道理，并抱着谦虚、谨慎的治学态度认真探究。

《素问·气交变大论》："夫道者，上知天文，下知地理，中知人事，可以长久，此之谓也。"

"医之为道，非精不能明其理，非博不能至其约。"从"精"和"博"二字，便能感受到中医学对"深度"和"宽度"的极高要求。从元代医学家王好古的一本医学著作被命名为《此事难知》，便可见精通中医学的"难度"，以及中医学家们对中医和生命的敬畏之心。

要实现知识面的深度、宽度，突破医学专业上的难关，并非一朝一夕的事情，靠的是专心致志和长年累月的实践积累。普通人不求掌握高深而专业的中医药知识或者医术，但如果能了解一些中医文化和常识，以及一些简单的方法，用中医思维去认识自己、认识事物、认识生活、认识社会，那么对自己、对家庭亲友也大有裨益，终生受用。

## 病为本，医为标

疾病有着很复杂的成因，病情的发展也有着多种变化，因此医者在治病过程中要始终以病者及疾病为核心，采取及时、对应的方法去治疗。如果没法诊断出疾病及病情发展的本质和根源，又或者没有采取合适的治疗方法，病邪则难以治愈。而在这个过程中，病者与医者之间的信任与同频至关重要。

> 《素问·汤液醪醴论》："病为本，工为标，标本不得，邪气不服，此之谓也。"

中医历来非常注重病者与医者之间的和谐关系，并指出这种和谐关系对于治愈疾病的重要性。如果病者与医者之间缺乏充分而坦诚的交流，病者对医者的治疗方法不放心或者不信任，在怀疑和焦虑中接受治疗，甚至没有按照医嘱服药或注意禁忌，单方面认为只靠医者就能解决全部问题，那所得到的治疗效果将难以令人乐观。相对而言，如果病者能在内心充分信任、充分认同医者及其使用的治疗方法，那么这种主观意识上的信念和信心，会对治愈疾病起到积极作用。

诚然，医学技术在日益进步，但无可避免地，在有些疾病面前，当下的医学始终无法完全解决问题，有些治疗效果也难以尽如人意。病者要做的是选择合适的医者以及治疗方案，并对之信任，这正是"疑人不用，用人不疑"的道理，也是对自己身体负责的表现。

常言道"病急乱投医"，有些病者在突发紧急的情况下，作出了不合理的选择，导致病情恶化，延误时机。病者处于疾病下的焦急心态是可以理解的，而且病者不一定具备足够的信息和知识储备去作出正确决策，甚至还会受到一些错误信息的误导。但毋庸置疑，病者对于治疗的选择是重要而且关键的第一步，因此日常多关注一些来自身体的信号、多了解一些医学常识，都有助于在关键时候作出正确选择。医者则要仁心仁术，专心施治，并和病者保持密切的沟通交流，让病者建立起信心和保持良好乐观的心态，共同去对抗疾病。

医者的精诚、医者与病者之间的默契、每一次医者与病者的双向奔赴，终将让人世间的疾病痛苦减少。

## ❧ 一方水土养一方人

中医认为人体疾病和体质特点与地域、水土、气候、生活饮食习惯息息相关。《素问·异法方宜论》中提到，治疗疾病，需要结合不同地域使用不同的方法："南方者，天地所长养，阳之所盛处也。其地下，水土弱，雾露之所聚也。"古人多认为岭南是瘴疠之地，水土卑薄，容易引起温病、疟疾等多种疾病。

《岭南采药录》："百粤地濒热带，草木蕃殖，中多可采以治病者。乡居时，尝见野老村妪，遇人有疾苦，辄蹀躞山野间，采撷盈掬，归而煎为汤液，或捣成薄贴，一经服用，即庆霍然，是生草药亦医者所不可轻视也。"

岭南地处热带和亚热带交界地带，南岭山脉延绵，珠三角河道密布，沿海地区潮湿多风，雨水充足，空气潮湿，天气炎热。冬季大部分地区无霜无雪，草木生长非常茂盛，这为中草药的应用提供了丰富的原材料，只需要懂得识别、应用中草药，山野田边的草本植物都可以随手拿来，药到病除。

中原人民不断南迁，为岭南地区带来了当时先进的医学理念和技术，并经过在岭南地区的长期实践应用和积累，发现了很多草木的药效和创新发明了一批医学技术方法，以解决在这种水土气候下所产生的疾病。如此日积月累，便逐步发展为现在的岭南中医药体系。

岭南地区对中医药的应用可谓深入民间，结合气候地理所产生的药食同源方法更是丰富多彩，已成为岭南文化的重要组成部分。自小记忆中的喝凉茶、饮汤水，以及一些通过中草药处理简单病症的方法，相信在很多岭南人心中留下了深刻印记。这些和中医药文化相关的知识和经历已经充分融入岭南地区人民的生活当中，成为刻在脑海里的生活常识和美好回忆。

  岭南独特的气候、水土及生活环境，造就出的独特的岭南中医药和中医文化，也是岭南人民"因地制宜，就地取材"的智慧体现。

二一

懂得避风头

## ⌒ 虚邪贼风，避之有时

岭南地区夏秋季节多受台风侵袭，沿海船只得知台风到来便会提前驶入港口暂避。台风的破坏力可根据其路径、风力、风速等指标进行评级和了解，因此可以对其进行预报、分级防备。但即使在有所防范的前提下，台风仍能把树木房屋吹倒，大雨仍可浸入社区街巷，行人在风雨中行走也是步履维艰，其影响不容忽视。

相比这些可以预见和可以防备的季节性台风，人体在一年四季都可能受到多方面的"虚邪贼风"影响和侵袭，这些夹带着"虚邪"的贼风可能是一些局部地理气候条件产生的瞬间疾风，也可能是人造设备产生的风。这些"风"会在不知不觉间进入身体某些部位，难以用客观指标来观测和衡量，但却往往成为了疾病的根源。

《素问·风论》："风者，百病之长也，至其变化，乃为他病也。"

我们遇到一些不太有利的情况或者势头的时候，常常会说道："要避避风头。"这句俗语虽然显得有点无奈，甚至有点贬义，但也有其道理。只要稍作些避让或者退让的动作，就会让我们不用面临更为糟糕的处境。这何尝不是一个应对困境的方法？回归到"风头"本身而言，其实就是指这些"虚邪贼风"或者大风、疾风。当我们面对这些时，如果能从做"减法"的角度去思考——风是百病之长，避开这些"风"的风头，减少自身受侵袭的机会或者降低受侵袭的程度，适当保护好自己，那么就可以降低患上疾病的概率。

### ☁ 盛夏的"寒风"

岭南地区夏天时间较长，平均温度较高的同时湿度也非常高，这就是岭南人民常说的湿热，盛夏时节更是暑热夹湿，这种既热又湿的气候条件，对人体的影响比较明显。

湿热天气下，人体容易大汗淋漓，皮肤黏腻感很强，整个人感觉黏糊糊，这时的空调、风扇便成为夏天的救命稻草。如果我们对着空调直吹，急速的空调风夹着寒气，便会透过皮肤毛孔（肌肤腠理）进入体内，尤其容易对肩部、腹部、腰部及一些关节部位造成影响。如果没有遇到阻隔或者包裹保护，风寒就容易进入表层及体内，久而久之，寒气容易在局部逐渐聚集，导致相应症状及疾病。

因此在夏天室内空调房间中，温度不能太低，环保又健康的建议温度为26摄氏度。岭南的夏天午后有时候能达到35摄氏度以上，因此室内空调温度可以调到27—28摄氏度，以相应减少室内外温差。室内温度和室内空间大小、室内外通风程度、设备制冷效果、人员数量及状态等多种因素相关，但关键还是靠自身的体感，温度调到刚刚好而不用出汗的状态，同时能让室内空气保持流动，这样就更为舒适。总而言之，避免室内空调温度过低，确保室内室外温差不能过大，同时注意避免空调风直吹身体，才是夏天空调的正确打开方式。

空调的寒气已经成为现在岭南地区最为普遍、持续时间长的"人造邪风"，岭南的夏天确实离不开空调，技术的进步让我们能够更好地享受生活，少受自然气候的不利影响，但享受之余也要懂得取其好处，舍其弊害。

一般自然风或风扇风虽然不一定带有寒气，但可能也会夹着些许"虚邪"之气，如果风过于急劲而且持续地直接吹来，也容易对表层神经或经络造成影响，导致皮肤表层气血受阻而产生麻木感甚至痉挛等一些症状。无论是空调、风扇所产生的风，还是在户外遇到的局部自然风，或是乘坐电动车、摩托车时所产生的疾风，都要尽量避免直接面对，做好相应的包裹保护。所谓"曲则有情"，让风来得婉转一些、温柔一点，便是一种享受。

## 冬季的"寒湿"

岭南地区冬季多受北方冷空气团的影响，越过秦岭南下的冷空气，在粤北地区南岭山脉一带受到轻微阻挡后继续南下，广泛影响着整个南粤大地。虽然冷空气受到多重阻挡会有所减弱，但相对于北方的0摄氏度以下、普遍结霜下雪的天气而言，岭南大部分地区还可以保持在0摄氏度以上。

岭南地区冬季北风清劲寒冷，局部地方瞬时风力较大，在天晴条件下还有阳光带来温暖。但如果寒冷天气夹着一些雨水，湿度较高，就是岭南人民常说的湿冷。

湿冷是一种身体自内而外的冷，很多广东人用"冻到入骨"来形容，这种冷与北风凛冽有所不同，如果说凛冽的北风是一种刮面而来、让人抬不起头的风，那岭南的湿冷寒风就是一种无孔不入、渗透力强的风，总让人觉得无论躲在哪里都逃避不了。这种湿冷，即使温度在0摄氏度至10摄氏度之间，也会让一些习惯了零下10摄氏度甚至更冷的冰雪天气的人们不好适应、感觉难受。在粤北山区的一些地方，有些人仍然采用生火这种传统方式取暖，这个火不仅能驱寒，更能降低空气湿度，让环境更加干爽。随着生活水平的提高，岭南人民的家用暖气设备也逐步普及，为室内增添了暖意。

冬季寒湿之气最为凝重，或多或少影响到气血运行，容易造成身体局部或者关节位置的疼痛，尤其是有旧患的身体部位。还有常见的"风湿"疾病，广东人经常说通过风湿痛预测天气比天气预报还要准，一有痛感便知道天气要变了。其实就是痛处的气血运行在一定程度上受到天气骤变影响，尤其是在夜晚至凌晨时段，人体大多处于睡眠状态，气血运行缓慢，寒湿之气在患处更容易加重，严重情况下可谓疼痛难眠。

"通则不痛，痛则不通"，这是我们很多人都懂得的医理。对付这种寒邪之风，最为简单直接的方法就是保暖，确保身体主要部位不受寒湿之气入侵，避免导致气血不通。若症状出现，也可采用行气、活血通络、驱风祛湿的方法缓解症状。

## 岭南膏方

因风寒湿气造成的气血瘀阻，可通过外用方法处理。其中，膏方按摩是岭南地区常用的一种方法。

膏摩疗法属中医外治法，是一种古老而独特的治疗方法，即将中药膏剂涂于体表的治疗部位，再施以推拿按摩手法，从而起到防病、治病、保健的作用。"按之弗摩，摩之弗按，按止以手，摩或兼以药"是《圣济总录》对于按摩概念的精辟阐述。

"膏摩"一词最早出现于汉代张仲景之《金匮要略》，后葛洪《肘后备急方》的问世，使膏摩成为证、法、方、药齐备的治法体系。它被历代医家推崇为上医治未病的"四大外用技法"之一，在历代医著以及推拿专著中均有记载。

葛洪是第一位系统论述膏摩的医家，他对膏摩甚为推崇："病有新旧，疗法不同，邪在毫毛，宜服膏及以摩之"（《医心方·卷一》）。《肘后备急方·卷八》中明言可用于膏摩的膏方有七张，至此膏摩的治疗范围大为扩充，涉及内、外、妇、五官科诸病。

葛洪在前人用膏摩疗法治伤寒杂病的基础上进一步将膏摩推广应用于急救。他在《肘后备急方》中记载，对突患霍乱等急症可"煮苦酒三沸以摩之，合少粉尤佳"。"治风头及脑掣痛不可禁者，摩膏主之。取牛蒡茎叶，捣取浓汁二升，合无灰酒一升，盐花一匙头，熘火煎令稠成膏，以摩痛处……冬月无叶，用根代之亦可。"这些救急方的疗效是可信的，现代民间用擦痧疗法治霍乱急症、用清凉油膏摩太阳穴治头痛等均与此类似。

岭南膏摩自葛洪创新运用后经累年传承，至清代因乐昌名医曹浚来《龙宫方脉》而在广东乐昌传承。其因独特的手法与卓越的效果，深受乐昌当地人的喜爱和信任。

南派膏摩疗法重视经络、穴位的调节作用，强调药技结合。清代医家吴师机认为，"外治之理，即内治之理，外治之药，亦即内治之药，所异者，法耳"。膏摩疗法使药物直接作用于肌肤，同时可通过按摩疏通经络，促进气血运行，加强药物吸收，因此对一些外伤科疾病和因经络瘀堵不通导致的疾病都有较好的治疗效果。人们还将膏摩疗法用于皮肤美容及康复保健上，早在唐代便产生了许多美容和保健方面的膏摩方。

岭南地区气候潮湿，夏季长且炎热，人们普遍喜欢吹空调以解暑。然而，经常长时间吹冷气可能导致身体不适，寒湿侵袭人体经络容易导致气血不畅，引起肢体屈伸不利以及肩颈酸痛、腰腿无力、风湿病、颈椎病、肩周炎、腰肌劳损、腰椎间盘突出、膝关节损伤、各类关节肿痛等问题。

南派膏摩疗法将本草药膏、推拿按摩和远红外温灸三种疗法有机结合在一起，根据中医经络原理辨证论治，在治疗过程中以专用本草药膏作为介质，将本草药膏涂于体表的治疗部位上，施以推拿按摩手法疏通经络，促进气血运行，散结化瘀、畅通经络，再使用远红外温灸祛寒化湿，促进药物直接透皮吸收，从而达到治病、防病、保健的效果。

现代人生活节奏快，工作压力大，长时间久坐或者长期处于高强度工作状态，导致身体过度劳累。膏摩疗法可以促进血液循环，舒缓肌肉紧张，使身体得到放松和保养。此外，南派膏摩还可以施加适度的力量达到经络通畅的效果，促进身体内部的阴阳平衡。

（"岭南膏方"由刘永波撰写）

注：本书各篇章，末尾无特别说明的，均为陈震海撰写。

# 气要顺正

三

## ✆ 气之于万物

"气"是一个历史悠久的概念，从先秦时期就开始出现和被使用，中国古代哲学、中医学等领域对"气"都有很多的探索和解读。先哲们认为"气"是世界的本原，天地万物均由"气"构成。气也是一个很有意思的物质，总让人觉得虚无缥缈，但却无处不在，就像我们生活在空气里，知道空气的存在，也知道不能没有它，但就是看不见它的形态，触摸不了它。

> 《素问·天元纪大论篇》："故在天为气，在地成形，形气相感而化生万物矣。"

大自然常见的气有"天气"和"地气"。天气最为直接的表现就是我们日常关心的气象，包括温度、湿度、风向、气流、晴雨等，如广东地区春季气温回暖时受到暖湿气流影响，时而夹杂着雨雾，空气湿度非常大，人们称之为"回南天"。

此时房间的墙壁和地面都挂满水珠，在外晾晒的衣服总是晾不干，人体受这种暖湿空气影响也容易感觉困乏和疲倦。

相对而言，地气却不容易被观察和感受。从地表透发出来的气息，往往受到季节气候、地理条件、地形地貌等因素影响，最具反差的是草地上那种柔和湿润的气息与沙漠上那种干燥酷热的气息，一种给人以温润，一种给人以炙热，两者所带来的感觉完全不同。光着脚在河边沙滩或草地漫步，沉浸在沙和水之间、泥土和草木之间，和地面来个亲密接触，也是非常接地气而舒适的状态。岭南地区夏天炎热，在没有空调的情况下，有些人还保留着在地板上躺睡的习惯。空气虽然是炎热的，但睡在地板上却让人感觉到清凉舒适。近年流行用"接地气"来形容某个事项或工作能与广大人民的习惯、诉求、利益相连接、相吻合，显示该事项的意义和成效，可见"地气"所代表的意义非常正面。天气或许不能为我们所左右，但我们却

岭南地区春季山林

25

可以主动亲近地气，这是一股踏实而又亲和的气息。

存在于天地之间的"气"，与其说构成了万物，不如说从另外一个角度去理解，就是万物皆有"气"，而且其"气"是可以呈现出来和被感知的。我们在春天时节看到一片植物生长旺盛的态势，会感受到春意盎然、一派生机勃勃的气息。相反，如果看到一片凋零枯萎、残花败柳的景象，我们会形容它为死气沉沉。体现一个人外貌或者状态的"气场""气魄""气质"，形容一些场面和场景的"气氛""气派""气势"，这些与"气"相关的词语，都是描绘人或物或场景所透发出来的状态。可见从自然万物和人身上流露出来的"气"是可以被感知的。

##  气之运动

气在天地自然之间处于永恒运动的状态，升、降、聚、散、出、入，都是气运动的基本形式。地气夹着水汽蒸腾后上升汇聚，化作云雾，云雾飘移到不同地方，再上升到一定高度后又降下雨水，雨水融入江河大地，整个运动过程便实现了气和水以及能量在不同时空的转换，并且周而复始地进行着。

冬季时强冷空气南下，遇到如秦岭、南岭等高大山脉阻隔后不断爬升，在山峰之上、冷暖气流交汇之处，便可以见到冷暖两股气流的明显分野，来自北方的冷空气更为清晰、干爽、利落，盘踞在南方的暖湿气流则云雾厚重而缭绕。两股气流各自夹带着不同的温度、水汽和能量，在不断地运动变化中此消彼长。如果岭南地区被来自北方的强冷空气冲击并完全控制，暖湿气流就会暂时退出该区域，气温低、北风强、阳光普照的干爽清凉的"北风天"就会出现。

《素问·六微旨大论》："气之升降，天地之更用也。……天气下降，气流于地；地气上升，气腾于天，故高下相召，升降相因，而变作矣。"

就是在"气"的一系列变化运动中，四时寒暑得以更替，自然万物得以生长并生生不息。更为有意义的是，"气"的运

秦岭冷暖空气交汇图（图片来源：@蚂蚁有两个胃，微博，2020年）

动也使得天地之间、不同地域之间、自然万物之间产生交流和交换，使得自然万物不是孤单和割裂地生存着，而是实现了相互作用和相互影响的共生生态。而在自然万物的滋养或者说相互作用下，人类得以在天地万物之间获得了繁衍生息的机会。

"气"构成了万物，也孕育了人，或许可以理解为"气"造就出丰富多彩的自然万物，而自然万物又为人类的诞生和生存提供了必要的条件和基础，人类在自主遵从这些自然规律和适应这些生存条件的过程中不断成长、进化、发展，形成了当今令人赞叹的人类文明。

> 《素问·宝命全形论》："天覆地载，万物悉备，莫贵于人。人以天地之气生，四时之法成。"

## 🌀 人体之气

气存在于天地自然间，人受"天地之气"和"自然万物之气"的滋养而生，自身也具有"人体之气"。最易感受的"气"是我们的呼吸之气，人体机能就是通过这样的一呼一吸得以持续运转。就如"气力"一词，便很形象地体现了"气"与人体机能"力"的相互关系，通过吸气和运气，就可以很好地把"力"发出来，人体机能运转和运动就这样靠气实现了。

我们到空气清新的地方游玩或者居住，往往不由自主地大力深呼吸，呼吸之后会倍感神清气爽，这就是追求一种自然界的清气带来的清新纯净的感觉。而当空气中含有的固体颗粒物等杂质较多时，我们就会感觉到空气的浑浊，如雾霾严重会让我们感到呼吸困难，甚至威胁到健康，可见清气（干净空气）对于人体的重要性。

《难经·八难》："气者，人之根本也。"

除了来自外界的空气对于人类的生存至关重要外，中医认为还有一种父母给予的"先天之气"，会直接影响人体的生长、发育、生殖以及身体机能的运转，这种"先天之气"藏于肾中，称为"元气"。如果从遗传的角度去理解，可以认为这个"气"就是从父母遗传到自身体内的物质，它造就了每个人与生俱来的体质、特质或者先天禀赋。有时我们会用"先天不足"来形容某些体弱多病或身体羸弱的人，就是指这种藏于肾中的"先天之气"不充足或者缺少，可能是身体机能在成长发育过程中出现一些问题的原因。每个人的"先天条件"有差异，有些人天资聪敏，体格健壮，有些人弱质纤纤，有些人或许资质平平但也有所长。我们要认识并珍视自身体内的"先天之气"，一方面，"先天之气"充足与否虽然是既成事实，不容易改变，但可以通过减缓"先天之气"的损耗和流失，确保生命持续时间更长；另一方面，我们也可以在"后天之气"上作出努力和弥补，充分发挥先天禀赋之余，也为生命活动提供源源动力。

> "先天之气在于肾，后天之气在于脾。先天之本在于肾，后天之本在于脾。"

后天之气是指人体通过脾胃的运化功能，消化和吸收了食物中的养分之气，繁体字"氣"很好地体现了这个关系，人类主食之一是稻谷，而这个"气"就是来自稻谷。广东人常说的"有米气"，就是形容这种水谷之气。食物和水是人类赖以生存的物质基础，不论是粮食、肉类还是蔬果，吃下后脾胃就会进行消化吸收，转化为人体所需要的各种营养和能量。人生在世几十年，也是靠着这些不断摄入的后天之气去滋养的。而脾胃的运化功能，成为提供后天之气的重要动力来源。脾胃消化功能强的，人体的后天之气更容易得到补充，人体机能得以健康、持续运转。脾胃功能弱的，容易导致消化不良、食欲不振，我们所得到的后天之气就会减少，久而久之，人体一边在不断消耗，一边却没有足够的动力来补充和支撑，身体的流失和摄入就会失去平衡。

不论是呼吸之气、先天之气，又或者后天之气，它们对人生存、生活、繁衍的重要性不言而喻。维持人体机能日常运转，我们必须时刻保持呼吸清气。而先天之气就像人体生来自带的蓄水池，每个人都有自己的水位量，在生命绽放的过程中，水也会慢慢流出，而流出的速度受到我们日常的生活和行为等因素影响。后天之气的补充可以让我们的蓄水池有机会保持水位或者让水位下降得相对缓慢一点，确保人体机能持续正常运转得长久一点。

更进一步而言，我们借助后天的努力去充实"先天之气"，让"先天之气"发掘得更好、运行得更好，让先天禀赋充分地发挥出来。这些都是我们可以主动寻求和实施的，使生命活动和人生状态有更好的表现。而正是这些"先天之气"和"后天之气"不断地相互影响，最终演化为我们人体所能体现出来的"气质"和"气场"，塑造出我们骨子里独特的"气"。

曹操经历了大半生后写出的《龟虽寿》，展现了英雄不老的气概。即使神龟、腾蛇也终有寿尽之时，更何况是人？我们能做的是让身心保持良好的状态，尽量延长生命绽放的过程，不断追逐自己的梦想。

《龟虽寿》："神龟虽寿，犹有竟时；腾蛇乘雾，终为土灰。老骥伏枥，志在千里；烈士暮年，壮心不已。盈缩之期，不但在天；养怡之福，可得永年。幸甚至哉，歌以咏志。"

## ☁ 顺气

"气"无时无刻不在运动，气的升、降、出、入、聚、散的多种运动称为"气机"，而对于一直运动的"气"，最为重要的就是要保持通达畅顺，按照既定的运行通道和方向通行无阻。试想一条河流顺着河道一直流着，如果河道的一段被堵塞，河水必然会泛滥，对河岸周边造成灾害。人体也是同样道理，气机运动失当，该上不上、该下不下、该出不出、该入不入，就会衍生出一系列的问题。

> 《素问·阴阳应象大论》："清气在下，则生飧泄；浊气在上，则生䐜胀。此阴阳反作，病之逆从也。……故清阳出上窍，浊阴出下窍；清阳发腠理，浊阴走五脏；清阳实四肢，浊阴归六腑。"

我们常用"顺风顺水"来形容事情进展顺利，生活过得称心如意；会用"顺心"来表达自己对事情和状态的满意；同时也会用"上气不接下气"来形容在较为剧烈的运动中短暂出现的呼吸困难。而在一些不开心、被惹怒的场合，广东人会用一句粤语"条气唔顺"来形容自己此时此刻的愤怒状态，其实就是怒气上冲的表现。怒气是肝气亢动的表现，肝主疏泄，以升为用，发怒时肝气的上升过于猛烈，此时可借助肺气的肃降来压制。所以在"条气唔顺"的状态下，首先要做的是"深呼吸、下下气、消消气"。只要肺气肃降和肝气条达互相平衡、适当得宜，气机便会舒展开来。

气机通达顺畅，人体则表现得意气风发，神采飞扬。相反，如果人体气机不顺，就如河道堵塞，或是气行迟滞，表现得郁郁寡欢、唉声叹气，甚者郁结瘀阻，显得心灰意冷，垂头丧气。因此在中医里，用各种不同的思路和方法，去治愈一系列"气"的问题，如针对气弱、气虚有"补气""提气""益气"，针对气逆、气冲有"降气"，针对气郁、气滞有"行气""理气"。

气机不通畅，也会对血产生影响。气乃无形之物，血为有形之物，两者又有何关系？"气为血之帅，血为气之母"便很好地反映了两者之间的密切联系。气在运动中带有推力或者压力，就像岭南冬季的清劲北风，吹动着云雨向南飘移。在气的推力和压力下，血也就像云雨般随之加速运行。若气的运动能力降低，所产生的推力就会相应减少，对应血的运行也会减弱。相应地，血在运行过程中，也会承载着气流、夹杂着气息，就如澎湃的河流、流动的河水或者洋流，流向不同地方。气行则血行，气滞则血瘀，血瘀又可加剧气滞。因此中医里针对血瘀的方法，一般都会结合"行气"的药物或者疗法，来推动气机的恢复和畅通，更好地实现活血化瘀的功效。

《素问·调经论》："人之所有者，血与气耳。"

## ☁ 正气存内，邪不可干

有时一些人物，只需要照片，我们便可以从他们的面容、眼神中感受到一股正气，可谓光明磊落、正气凛然。这种气质难以去具体描述是如何构成的，但其所展示的积极正义的正能量却让人肃然起敬，让人鼓舞，让人动容。正气是由世间万事万物和人共同塑造、沉淀、汇聚出来的一股力量。这股力量存在于日月星辰、山川河流、人间烟火、精神信念之中，冥冥之中推动着世界朝着正义的方向发展。

《正气歌》："天地有正气，杂然赋流形。下则为河岳，上则为日星。于人曰浩然，沛乎塞苍冥。"

正气在中医里也有另外一种理解，是指人体抵御邪气和疾病的能力。人体会面临来自外界的"虚邪贼风"等致病因素的侵扰，就如岭南的"湿气""暑热"等，这些都是地区特有的气候条件所致，是无法改变的客观现象，只要生活在其中便难以逃避。如果人体拥有旺盛的正气，就像国家拥有强大的军队，当致病因素入侵时可以进行有效抵抗防御，把疾病消灭在萌芽状态。但如果人体的正气处于较弱的状态，让致病因素乘虚而入，就会在人体局部地方埋下致病祸根，是为"邪之所凑，其气必虚"。相应地，中医就用"扶正祛邪""攻补兼施"的理念和方法去治疗疾病。

> 《灵枢·百病始生》："风雨寒热不得虚，邪不能独伤人。卒然逢疾风暴雨而不病者，盖无虚，故邪不能独伤人。此必因虚邪之风，与其身形，两虚相得，乃客其形。两实相逢，众人肉坚。其中于虚邪也，因于天时，与其身形，参以虚实，大病乃成。"

如果说正气是一个整体防御系统，那人体中的"营卫"二气便是这套防御系统的重要支撑力量。

营气就是借助脾胃功能把我们日常的食物消化吸收后转化成的精气养分，起到化生血液、营养全身的作用，是整个人体活动的基础。人体在抵御外部邪气之时，营气就像后勤部队，不断为身体提供营养，让身体有足够的物质基础去对抗外邪疾病。

> 《灵枢·营气》："营气之道，内谷为宝，谷入于

胃，乃传之肺，流溢于中，布散于外，精专者行于经隧，常营无已，终而复始，是谓天地之纪。"

卫气，顾名思义，具有保卫的作用。相对于营气而言，卫气更为主动积极地保卫人体。卫气在人体最外层的"肌肤腠理"建立防线，结合营气提供的养分去温养肌肉和充实柔软皮肤，并调节皮肤腠理开合和汗液排泄，让人体表层能主动调整，适应外界变化，又确保表层肌肤保持"腠理致密"去抵御外邪入侵。

《灵枢·本藏》："卫气者，所以温分肉，充皮肤，肥腠理，司开合者也。"

综合而言，营气为正气的发挥提供营养物质基础，卫气则作为正气中直接对外抵御的力量。"营卫"二气的充实和"阴阳相随，外内相贯"的连贯通畅运行，成为人体正常生活和活动以及抵御疾病的最大"底气"。

《灵枢·卫气》："阴阳相随，外内相贯，如环之无端，亭亭淳淳乎，孰能穷之。"

世间的正气浩然长存，与日月同辉，而人体中抵御外界邪气疾病的正气却会随着年龄的增长而减弱和消退，但只要我们保持着身心对正气的执着和追求，不论是天地正气还是人体正气，就会一直屹立于天地之间、人体之内，"虚邪贼风"和"歪风邪气"在我们的正气面前，自然退避三舍。

## 🌀 服气疗法

岭南地区草木繁盛，山林瘴气、秽气、疫气、浊气、湿气等影响人体健康的因素自古以来便被医家和人民所认识和关注。每年二三月之后，大地回春，岭南地区的气温逐渐上升，雾气、湿气也随之加重。而惊蛰之后，伴随着一声春雷，藏伏在泥土中的虫蚁越冬之后开始惊醒，蚊虫活动也随之增加，导致疾病更容易广泛传播，对生活环境、生活质量带来负面影响。无论是在室内还是在户外，面对这些情况时，我们都可以借助自然草本的气息、气味与之抗衡。

> 徐大椿《神农本草经百种录》："香者，气之正，正气盛，则除邪辟秽也。"

春季也是流行病多发的季节，身体容易出现很多不适症状，对此，中医创造了"服气疗法"，以辛味刺激的芳香类药物为原料进行治疗。这些药物一般具有芳香化湿、辟浊防疫、驱蚊防虫、行气、通窍、醒脾等功效。我们通过燃烧、烟熏，或是让药物自然散发气味，然后"嗅闻、吸服"这些药物所散发的气味，达到预防和治疗疾病的功效。如在流行病多发的季节，在室内配以艾条、苍术、贯众、虎杖、藿香、佩兰、石菖蒲等药材进行混合燃烧后烟熏，也能起到预防感冒等流行疾病及疫症的效果。

> 贾所学《药品化义》："香能通气，能主散，能醒脾阴，能透心气，能和合五脏。"

"香为土臭，入通于脾"，脾也是主管思和虑的功能脏腑，药香气味能疏通气机，运脾化湿，宁心调神，对于焦虑或情志低落有很好的缓解作用。沉香、檀香、安息香、木香、丁香等中药材都带有"香"字，而且是制作药香的重要原料。明代周嘉胄关于"香文化"的著作《香乘》，记录了明朝之前各时代、各地方的香料和器物，同时也收集整理了很多合香的方法和配方，让制香者能调和出和谐、合适的香气，可谓是中国香文化的百科全书。

广东东莞的莞香产业历史悠久，莞香曾作为皇家贡品而声名远播。"当莞香盛时，岁售逾数万金"，可见清朝莞香产业的繁荣。莞香来源于莞香树的结香，清朝屈大均《广东新语·香说》将其描述为"香之生结者，熬之烟轻而紫，一缕盘旋，久而不散，味清甜，妙于沉水"，可见莞香燃烧时形态优美，香气清雅，不论是焚香自赏，还是拜祭、祀神，都深受广大人民喜爱。

> 李时珍《本草纲目》："中气不运，皆属于脾，故中焦气滞宜之者，脾胃喜芳香也。"

试想，在充满药味芳香的环境里，安静地看着书，品着茶，写字作画，或是轻松闲谈，或是闭目小憩，享受着片刻的宁静、怡神和舒心，也是人生惬意之事。

服气疗法还有一种更为简单便捷的方式，就是在随身的衣服上佩带香囊，也被称为衣冠疗法。自古以来民间便有佩带香囊的习惯。东汉郑玄《礼记·内则》提到"容臭，香物也。以缨佩之"的"容臭"，屈原《离骚》"椒专佞以慢慆兮，樧又欲充夫佩帏"所提及的"佩帏"，都是指装有香草、香药，散发芳香气味，用于佩带在身上的香囊。久而久之，佩带香囊便成为端午节前后的一项传统习俗，香囊不仅起到芳香辟浊、预防疾病的效果，还能成为服装上的点缀配饰，实用而美观。

对于香囊的配方，历代医家也是不断探索实践，务求达到不同的预防或治疗效果。东晋时期葛洪的《肘后备急方·治瘴气疫疠温毒诸方》中就记载了"太乙流金方""虎头杀鬼方"

等多个辟瘟处方，以香囊药散等方式驱散瘴气，防疫驱疫。

唐朝孙思邈更是对药香烟熏防疫有深入研究，《备急千金要方》记载辟瘟疫气的伤寒热病方"赤散"："分一方寸匕置绛囊中带之……着臂自随"，"觉有病之时，便以粟米大内着鼻中"，"又酒服一钱匕，覆取汗"，"又方，凡时行疫疠，常以月望日，细锉东引桃枝，煮汤浴之"，结合不同情况采取佩带、鼻吸、用酒送服、药浴等多种方式治疗疾病。而《备急千金要方》另有记载的"太乙流金散"则是"三角绛袋盛一两，带心前，并挂门户上。若逢大疫之年，以月旦青布裹一刀圭，中庭烧之。温病患亦烧熏之"。

明清时期，随着吴又可创新性编著《温疫论》，医家对

粉碎后的中药材　　　　　　　　　中药材组方

疫症的认识进一步加深，更是通过不同方剂组合的香囊，来预防、治疗瘟疫。如清代刘松峰《松峰说疫》的老君神明散，以苍术、细辛、桔梗、附子、乌头研末制作香囊佩带在身上以防瘟疫；吴师机《理瀹骈文》中记录的辟瘟香方，选用吴茱萸、苍术、柴胡、大黄、细辛、羌活等中草药制作成"辟瘟香囊"。

时至今天，凝聚着生活智慧的香囊再次进入人民的生活中，除了在端午前后的应节性佩带之外，在岭南地区的春夏季节也非常适合使用。挂在衣服上、背包上的香囊，防蚊虫、辟浊气、芳香化湿，犹如在人身体上打造了一层保护罩，弱化了来自外界致病因素的影响。同时使用场景也变得更为丰富，车内、房间内也可以结合个人喜好来使用，时刻感受到香气的熏陶。爱好者更是可以结合不同药效和香气进行自主调制。对香气的追求，既是选择一种自然舒适的生活方式，让身心愉悦，更能获得一种传统文化的体验感受，恬静高雅。

四

恬淡平和，精神内守

## ⌒ 心静自然凉

岭南的夏天潮湿炎热而且时间漫长，那种汗液粘着皮肤的感觉确实不好受，大家喜欢躲进空调房里求得清凉，在享受着清凉舒适的同时，我们也会经常感慨："以前没有空调的年代，夏天是如何度过的？！"以前生活条件没有现在优越，不要说空调，可能连电风扇都没有，我们只能靠着手中一把大葵扇度过漫长夏日。尤其晚上睡觉的时候，总是闷热难耐，在床上辗转反侧而无法入睡，此时老人家常常安慰道："心静自然凉。"在这句话的指引下，我们开始尝试躺着不动，不再说话，不再抱怨，慢慢安静下来，什么事情都不要想，确实就会逐渐忘却炎热，随着手中慢慢停下来的葵扇，进入甜美梦乡。

这些经历可能已经成为很多老广心中的陈年往事，但请珍惜这份心境，这是一种最为舒适的状态，也是最为平和的时刻，所有的忧愁、情绪和心浮气躁烟消云散。

白居易《苦热题恒寂师禅室》："人人避暑走如狂，独有禅师不出房。可是禅房无热到，但能心静即身凉。"

## 情志动气

人生在世，有其社会性的一面，有其情感性的一面，会受到很多来自社会、家庭，人际交往、职业发展等外部环境和事物的刺激，对于种种际遇总有相应的情绪反应。即使面对相似的外部环境和事物，每个人也会有不同的反应和表现，这与自身性格和内心活动有关。有些人多愁善感、沉默寡言，有些人阔达开朗、乐观积极。内心活动可以强化这些反应，也可以弱化这些反应，情绪就是我们对外部环境事物与自我内心活动的综合表达。

中医在两千多年前就已经意识到人的情绪对于健康的影响，并把人的情绪归纳总结为七种情志活动："喜、怒、忧、思、悲、惊、恐"，称为"七情"。这七种最基本的情绪变化，一旦波动过度，就会导致气机不调、脏腑不和而引发各种疾病。

《素问·举痛论》："怒则气上，喜则气缓，悲则气消，恐则气下，惊则气乱，思则气结。"

情志对于身体气机的影响或许不容易理解，但从一些词语表达中也可以感受一番。当我们愤怒的时候，会用"怒发冲冠""怒上心头"来形容。为什么当我们发怒的时候，头发会竖起来顶起头顶的冠帽？有时我们在愤怒的时候会觉得面红耳赤，就是怒气正在往上冲。"怒则气上"正是用来解释这种状态。怒气是向上激发的，所以对一些正在发怒的人，我们都会说上一句"消消气"，就是希望往上激发的怒气可以消散。相比于"敢怒而不敢言"，有时候适当的宣泄可以帮助怒气散去，一些让人不愉快的事情和场景过去了就让它过去，心中的负面情绪也不会积累下来。

悲痛的时候，气会消散，此时人会变得气弱无力，容易出现晕倒的情况，哭晕就是这种状态。惊恐之时，最常见的表现就是身体蜷缩，双腿发软、发抖。如我们行走在玻璃桥上，见到百丈深渊就在脚下时，有些人会不由自主地双腿发软、蹲下或匍匐、大呼大叫，这就是因为过度惊恐的情绪导致"气下"甚至"气乱"，这些身体的反应其实都与情志动气有关。

## 泰然处之

中医还从另外一个角度描述情绪对身体的影响，认为不同的情绪会影响不同的脏腑，并把情绪对应的脏腑及症状、病因等进行研究归类。

《素问·阴阳应象大论》："怒伤肝……喜伤心……思伤脾……忧伤肺……恐伤肾。"

对于经常发脾气的人，我们免不了会问："是不是肝火太盛？"肝火旺盛的人容易发怒，相应地，经常发怒也会伤肝，可见肝脏与怒之间的相互关系。

有时候在面对一些事情过分思虑或者焦虑时，就会表现出食欲低下，不想吃饭。思虑太多会直接影响脾胃运化功能，消化吸收受到阻碍，"茶饭不思"就是这个道理。

开心快乐是我们一直想追求的生活状态，"笑一笑，十年少"也是鼓励我们以更为乐观积极的态度面对生活，保持愉快的心情。但开心其实也要讲究适度。就如在临近寒假、暑假结束时，老一辈家长们经常对孩子说："快开学了，不要再到处玩，在家看看书，写写功课，把心收回来，准备上学。"可见大家知道过分开心玩乐，不利于注意力的集中，心散了就会影响到学习。其实不仅在学生时代如此，成年人也是一样，如果在生活上过分追求玩乐，过分专注在器物或者行为所带来的"简单而浅层的快乐和快感"上，反而会越发造成内在精神上的散乱和空虚，就是让人感觉开心完之后什么也没有获得。反之，如果我们能做更多有意义、有益身心的事，反而可以有更强的获得感和更为踏实的心情。

当喜乐来得太过突然时，容易导致心神失守、神志失常，欣喜若狂就是形容这种状态。经典名著《儒林外史》的《范进中举》篇章中生动地描述了范进中得举人后，欣喜过度而发疯的画面。从生活潦倒、软弱卑微的生活状态，突然到备受瞩目、人人奉承的地位，这种人生跳跃，确是人生幸事，但所带来的狂喜对自身也是一种冲击。可见过分喜乐对于心神的影响是值得注意的。"喜极而泣"和"乐极生悲"是两个反映喜乐过度的词语，喜乐过度时的哭泣可以视为一种对喜乐的释放，而且有一种满怀欣慰的感觉，某种程度上也是在舒缓身心的压力。但如果喜乐到极点而又无法释放，就容易"乐极生悲"了。

我们在情绪波动或者受到刺激的时候，要多留意自己的身体反应，并适当做到避免、缓和以及克制，淡定处理，泰然处之，这对于疾病防范和身心健康都有很大的帮助。

《清静经》："人能常清静，天地悉皆归。"

## ❧ 精神内守

常常看到有些人表面非常恬静，不作声息，目光如炬，给人一种波澜不惊、气定神闲的感觉，恬静之余又不失谈吐的敏锐和行为上的风范，甚至可以感受到那种固守体内的无形力量和流露出来的神气。这或许就是精神内守的表现。

如何做到精神内守？最为直接的是减少接触会影响自身情绪、导致精神外散消耗的外部因素。有时我们面对需要处理一些纷繁复杂的事情，或者需要大量查阅整理资料的情况，都会说这些事情很"费神"、很"伤神"。这个"费神"和"伤神"就是指要花费大量的时间和精力去整理一些复杂的信息、处理一些棘手的事情时的一种感觉和状态。相对地，我们常说的"闭目养神"，其实也是一种状态，只要闭上眼睛，大脑就会减少接收和处理来自外界的信息，自然也就减少了外界的困扰和负面情绪的输入，神就可以"养"起来。

"内守"对应的状态是"收敛"或者"内敛"。可以说我们的一切情绪都是一种释放，释放也是一种解脱、降压的方式。我们遇到喜事会开怀大笑，遇到不顺心的事会闷闷不乐，看到感人的电影会感动流泪，这些都是人之常情，但释放要有度，放之余还要懂得收，做到点到即止，收放自如。只有守护好我们的"神气"不过多外溢，才能达到形神统一的状态。

从精神层面而言，内守的关键在于"和"。"以和为贵"是中国人的精神内核，人与自然、人与社会、人与人，甚至是人与自己之间的关系处理，都在追求一个"和"字。如果我们的内心和周边环境到处都充满着"不和"的气氛或行为，我们的情绪就会受到严重的负面影响，影响我们的行为和表达，从而影响到我们的五脏六腑，久而久之，我们的身心就会出现问题。

对于"和"的追求，是实现精神内守的基础。有了"和"的前提，才有机会促成各方面"合"的动作；只有"和合"俱备，方可实现人与自然、与社会的"和谐"共生，人类才可以繁衍不息。

## 草木闲情

草木不语，但一年四季的生长变化，犹如一首首蕴含自然韵律的诗篇，让人沉浸在宁静和怡情之中。每一次的栽种、浇水、施肥、修剪，悉心照料的不仅是草木，其实更多是自己的心境和心灵。

盆景起源于中国，岭南地区独特的气候和人文，孕育了具有代表性的岭南盆景艺术，在广州、佛山多地大规模产业化种植岭南盆景。除了作为一种经济产业外，难能可贵的是，岭南盆景的人文内涵已经广泛融入人们生活当中。每家每户的一片天台、一处天井、一个阳台，简单的场地也可以打造出一片属于自己的植物天地。岭南的街巷中或是屋里，经常能看到高低错落、大小不一、品种各异的植物盆栽，有些粗犷简陋，有些精细别致。无论形态外貌如何，都是植物主人持续养护的成果。养护种植技术水平虽有高低之分，但那份心境却是一致的。每逢下班之时、休息之日或是茶余饭后，浇水、观察一下植物的生长情况，简单地修剪，在这种种不经意的行为中，寻找着自己的闲情和乐趣。

盆景比一般的植物种植更加注重造型和意境，在整个种植过程中非常讲究修剪的技巧和耐性，以及对艺术的审美。岭南盆景讲求"自然精神"，源于自然，尊重自然，而又超于自然。盆景的取材大多来自自然界不太起眼但又具形态潜质的植物。通过长时间的养护和修剪，才能打磨成型格独特的树形，而整个过程可能持续一年，又或是十年甚至更长时间。植物生长有其自然规律，冬去春来，生根发芽，叶长叶落，虽然为了追求艺术造型需要对其进行持续修剪，但也不会过于刻意地违背其自然生长的规律和限制它的形态。这正是岭南盆景得以保

李伟钊盆景作品《铁骨铮铮》

西园盆景

存植物自然流露的形神之美的重要原因。

　　玉不琢，不成器。岭南盆景也是如此，精雕细琢注定是一个漫长而需要耐心的过程。而盆景缔造者需要做到三个"到"，即心到、眼到、手到。何谓"心到"？就是有信心，有爱心，还要有恒心，要把"心"放在盆景养护上。如果用"三天打鱼，两天晒网"的心态，那盆景植物的存活都难以保证，更不用说形态精美了。何谓"眼到"？就是指有"独具慧眼"的能力，物色出外形奇特、潜力巨大的植物来打造盆景。既然都要花费大量的时间和精力去培养，当然希望找到一棵优秀的苗子。何谓"手到"？就是要亲力亲为。整个养护过程中浇水、施肥、除虫、修剪，每个动作、步骤都要精工细作，如此日复一日，年复一年。

与其说岭南盆景种的是植物，塑造的是艺术，不如说是种下了人对工作、对生活耐心的态度和平和的心境。尤其当人处在心浮气躁的大环境下，一草一木都可带来最为简单的治愈。从另外一个角度而言，看着盆景在手中雕琢多年，渐成型格，挺拔秀丽，也是看到自己成长的经历和成熟的过程，欣慰之心油然而起。

（"草木闲情"由岭南盆景广州市级非遗传承人李伟钊口述，陈震海整理编写）

五

随心所愿，做回自己

## ☁ 从内心出发

> 《素问·移精变气论》："往古人居禽兽之间，动作以避寒，阴居以避暑，内无眷慕之累，外无伸宦之形，此恬淡之世，邪不能深入也。……当今之世不然，忧患缘其内，苦形伤其外，又失四时之从，逆寒暑之宜，贼风数至，虚邪朝夕，内至五脏骨髓，外伤空窍肌肤。"

上古之人，面对的更多是来自生存的挑战，更迫切需要去解决温饱问题。当时社会结构相对简单，生活节奏相对缓慢，内心活动也相对简单，没有太多、太复杂的社会性忧愁。

而在当今，我们有更好的生活条件，懂得用更多更好的工具去应对大自然的挑战，甚至可以改造自然，有着更高更远的人生追求，但同时却要应对更为复杂的社会环境和人事关系，劳动强度也有所增加，生活作息时间难以保证，心理活动更为复杂，情志情绪更易波动，这些因素对身体功能、心理会造成很大的影响。

新中国成立后几十年的工业化发展，机械化、自动化，甚至当下最为火热的人工智能，确实让大家在劳动时的体力强度大幅降低。老一辈时常回忆道，以前每天的工作强度很高、体力消耗很大，大部分工作都只能靠人力去实施。虽然身体很疲累，但精神状态还是很饱满，生活虽不富足但却稳定，内心世界也很充实。来到现在，社会环境和发展节奏已经今非昔比，我们需要花很大力气去追上社会的发展步伐，同时要面对很多来自社会、来自生活、来自工作、来自家庭、来自身体的不确定性，内心世界和精神状态也会随之变得紧张甚至不安。

当下社会快速发展和变迁，人在历史长河中被社会洪流推涌向前，容易迷失方向，忘记了自己的初衷、内心的真实想法和追求。尤其是面对一些突如其来的变迁时，更是手足无措。此时就需要坚定的内心，要时常问问自己："我需要什么？我想做什么？我应该怎样做？"心中真实的想法便会逐渐清晰，指引着我们在社会上、在生活中，能朝着正确的方向不断前行。

## 高下不相慕

近年，家长们都喜欢用"别人家的孩子"来表达对别人家优秀孩子的羡慕，以及对自己孩子些许的无奈，这也许只是一种自嘲，但对于家长和孩子，却成了一种无形的压力，同时也衍生出一系列的思想斗争："是不是孩子不够努力？是不是孩子不够聪明、不够认真？"越发着急，越发焦虑。其实我们羡慕的又何止"别人的孩子"，可能还有"别人的家庭""别人的能力""别人的地位""别人的资源""别人的财富"等等。从羡慕到妒忌，从互相攀比模仿到贪慕虚荣，这些念头如同加在身上的包袱，如果包袱越加越多，越来越重，我们沿错误的方向渐行渐远，便会难以自拔、精疲力竭。再者，东施效颦的典故也告诫我们，就算懂得模仿，但如果自身条件不足，最终也不免落得矫揉造作，适得其反。

"慕"字除了羡慕、贪慕或模仿、仿效之外，还有仰慕和敬仰的意思。对于别人拥有的美好事物、优越的生活、出色的才华、杰出的贡献等，如果我们能抱以仰慕、敬仰或者是由衷赞叹的心态，并且把这些作为自己的奋斗目标和模范榜样，那么即使"高下"有别，内心也处于一种舒适状态。

两个朋友在聊天时，当一个人盛赞对方所处的生活状态多么优越，或者所获得的社会地位多么崇高、财富多么丰厚时，对方可能会用带着点无奈和叹息的语气回答道："都是你看我好，我看你好。""好"或"不好"，其实是"如人饮水，冷暖自知"，别人也难以定义，难以真正感受，唯一可做的就是各自安好。

每个人在社会中、在家庭里都有自己的角色和地位，大家的人生阅历、生活际遇也各不相同。有些人功成名就，获得了名利和地位，但是经过多少艰辛，个中的苦乐和滋味，也只有自己知道和体会。有些人表面风光洒脱，背后实则举步维艰、如履薄冰。有些人朴实无华、默默无闻，实则自有天地，自得其乐。有些人历经艰辛、生活困苦，实则内心坚毅，勇往直前。

何为高下？不是看外在的地位、能力和财富，而要看内在的德行和胸怀，是否有发自内心的自信和从容，这样便高下立见。

## 各从其欲，皆得所愿

人与人之间的相处，贵在能够"和而不同"。中国杰出思想家、中国禅宗南宗开创者惠能，出生于广东新兴县，在其传说故事中记载有一段经历：

当年惠能为躲避祸害，藏身于广东四会、怀集一带的深山荒野之中，生活条件非常艰苦。为了能在荒野求得生存，惠能只能跟随猎人一起打猎，一起生活。在猎人打到猎物时，惠能如果见到捕获了刚出生或者幼小的动物，就会偷偷把猎网的一面打开，使小动物得以逃生。惠能和猎人一起吃饭，由于生活条件简陋，只能与猎人共吃一锅肉菜，猎人打到什么猎物就以什么猎物为食，然而惠能不能吃肉，只好把菜放在锅边煮熟后再吃，还尽量避开肉汤和肉汁。开始时猎人们也非常不解：

"为什么惠能不和我们一起吃肉，自己在锅边煮菜吃，是不是嫌弃我们什么？"惠能也只是推搪说自己不喜欢吃肉，后来猎人们适应了惠能的饮食习惯后便不再过问，大家共用一锅肉菜各取所需，共度时艰。

这就是"同台吃饭，各自修行"的来历。

这个故事非常具有启发性，每个人都在自己的轨道上生活，既有基本的生存需求，也有成就理想和人生目标的愿望。有些人注重满足生活上的物质需求，有些人愿意为达到目标和理想而约束自身行为，甚至作出更多牺牲。这些都是个人的需

新兴县锅边菜

求和选择，如果仅以自己的准则或者习惯去衡量别人、要求别人，得来的往往只有不欢而散。

回到生活上，我们对待自己，对待家人朋友、后生晚辈，不论在学习上、生活上、婚姻上，还是在职业发展等方方面面的选择，不要对他们施加太多的压力或者提出强制的要求。尤其当下社会竞争激烈，要求每个人什么都要做到最好，做到第一，这是非常困难而且不切实际的。对于自己，只要可以遵循自己内心作出选择并付之于行动，做出自己的特色，发挥好自己的长处。对于他人，要给予最大程度的理解和尊重，甚至提供必要的、发自内心的帮助。这样不管最后成功与否，于己最为舒适，于人最为恰当。

## 不为良相，便为良医

北宋范仲淹自年轻时便心怀大志，希望有朝一日能闯出一番事业，报效国家，回馈社稷苍生。范仲淹认为："报效国家，莫过于做宰相，如果做不了宰相，能以自己的所学帮助老百姓的，莫过于做个好的大夫。上可以疗治君王和父母的疾病，下可以救治天下苍生，中可以教人保健养生，益寿延年。身处底层而能救人利物、为老百姓解除疾苦的，还有比当医生更好的职业吗？"

后来范仲淹有机会为官参与政事，并在庆历三年（1043

年）官拜当时皇帝宋仁宗的参知政事，相当于副宰相职位，成为北宋的政治家、思想家、文学家，终得所愿为国家效力。尤为可贵的是，他以医圣张仲景为榜样，一边为官，一边行医，可谓不忘初心地践行着"不以物喜，不以己悲"的平和心态和"先天下之忧而忧，后天下之乐而乐"的伟大理念。

治国与治病救人，为什么能够被范仲淹关联起来？除了与范仲淹的个人经历有关外，还有更深层次的原因值得探究。首先，就社会贡献而言，两者都有功于社稷，有功于人民，都是一种大爱与大义的表现。从另外一角度来看，治国体现在天、地、人与社会之间，治病体现在天、地、人与疾病之间，两者都需要面对来自社会和疾病的挑战，而解决问题、应对挑战的价值理念、系统结构、治理方法、实施路径是相通的。治国讲求顺应天道，顺应民心，需要顾及社会方方面面，达到均衡有序的状态。治病救人也要顺应自然规律，尊重身体机能和心态情绪，精通发病机理和用药方法，寻求人体内部各器官脏腑、功能组织的平衡，以及与外界自然万物的和谐共存。

正如唐代孙思邈所言，"古之善为医者，上医医国，中医医人，下医医病"，他认为人体内部的组织和国家组织是相似的，管治理念和方法也是相通的。不论是治国还是治病救人，都是对社会、对苍生有着伟大贡献的事业，千古流芳。两者都有着对"均衡""和谐"的永恒追求。

葛洪《抱朴子养生论》："一人之身，一国之象也。胸腹之设，犹宫室也；支体之位，犹郊境也；骨节之分，犹百官也。……神犹君也，血犹臣也，气犹民也，故至人能治其身，亦如明主能治其国。夫爱其民，所以安其国；爱其气，所以全其身。民弊国亡，气衰身谢。"

## 得闲饮茶

饮茶是老广的传统习惯，以前的茶楼是清晨六点左右甚至更早就开门迎客，一些早起的食客在茶楼未开门时便在门口守候，一旦开门后便蜂拥而进，坐上熟悉的位置后就自行开茶，洗杯、碗、碟、筷，整套流程手到擒来。食客都习惯坐在固定的位置，与固定的伙伴同台饮茶聊天。即使一围台只有一个人坐着，也可能意味整张台的位置已经被"坐满"，如果有陌生人想坐下，只能被客气地回复"这些位置都有人了，请另外再找位置"。

茶楼的食物都是现场新鲜制作的，厨房里的厨师们起早摸黑，备好各种食材，热火朝天地烹制着食物，蒸笼上热气腾腾的各式点心，这就是老广常说的"新鲜滚热辣"。可以想象在清晨天色未亮之时，马路街巷还是一片漆黑，而茶楼里外早已灯火通明、热闹非凡，熙熙攘攘，一派烟火气十足而又富有生气的景象。"一日之计在于晨"，这个"一日之计"，就是从这里、这刻诞生。

常说的"一盅两件"，既是一份早餐，也是一种生活，更是一种交往，而到最后，都会成为每个人珍藏起来的一份美好回忆。一边饮茶吃点心，一边聊着国家大事、民生家常、兴趣爱好、生活得失。慢慢地，"得闲饮茶"就演变成一种交往方式，很多老广在平时闲谈的最后一句，都喜欢用"得闲饮茶"来进行道别，比起说"再见"来得更亲切，更有味道。

遇到一见如故的人，得闲饮茶。

约上经常见面的人，得闲饮茶。

碰到少有往来的人，得闲饮茶。


分享完喜悦，得闲饮茶。

诉说完不满，得闲饮茶。

回首完往事，得闲饮茶。


这就是"得闲饮茶"的心境和待人接物的态度。

六

不迷不惑，不焦虑

## ☁ 四十不惑，五十知天命

中年之后，人生经历日渐丰富，不论事业是否有所成就，生活是否如意，家庭是否美满，很多事情也应该会想得更加明白，看得更加通透。什么事情有能力做、什么事情可以做，什么事情没能力做、什么事情不可以做，对于这些，种种疑惑应该会逐渐减少。我们常说"人贵有自知之明"，就是"贵"在能知道自己，认识自己。

当下社会物质丰富，生活水平不断提高，各式娱乐内容多姿多彩。移动互联网的畅通发达，让大家充分感受到手机社交、视频、网络游戏的魅力。尤其近年兴起的短视频，节目内容、故事情节让人眼花缭乱，不少人废寝忘餐地去刷，沉迷成瘾而难以自拔。美好的事物、便利的工具值得体验和应用，但若长时间沉迷其中，影响视力之余，更是耗费精神，甚至迷失心志。凡事有度，适可而止，不妨发展多一些的兴趣爱好和活动，提高自我控制的能力，才能做到不迷不惑。

近年诈骗事件常有发生，尤其是电信诈骗层出不穷，如冒充客服骗款、社交网络交友骗款、冒充亲友同事骗款、办理金融贷款及投资理财骗款等。为什么拥有丰富社会阅历的成年人也容易上当受骗？往往就是被骗子利用了我们一时的贪婪之心、迷惑之心、恐惧之心。在面对一些突如其来的诱惑或威逼时，首先要保持"不惑不惧"，不要被一些不确定的信息所吓到，更不要贪图小利，以为天上能掉下馅饼，其实却是陷阱。力求从多方面进行了解、核实、求证，只要静下心来细细思考，便可辨别、识破。

"知天命"，与其说是知道自己的命运或者定数，不如说是知道自己的天花板或者能力瓶颈在哪里。力所不达的地方，强作要求反而适得其反，更是欲速则不达。

相对而言，"知天命"也并不是"听天由命"。苦（有）心人，天不负；有志者，事竟成。如果我们知道自己力所能及的地方或者兴趣在哪里，就可以在这些方面持续耕耘、持之而行，创造更多价值，作出更多贡献，帮助更多的人，反而有机会让"天命"有所提升、有所突破。在某种程度上而言，天命也可视为自身的发展赛道或者方向，我们应该清晰自己的方向，对要参与的赛道、要发展的方向有所准备，待时机来临的时候可以好好把握和发挥。

一分耕耘，一分收获，"天命"也是这样积累出来的。

## ☁ 随遇而安

中医在诊断时对于病人的社会际遇、生活经历也是非常重视和关注的，认为这些因素对疾病的形成及发展进程有重要影响。可见生活际遇对于身心健康的重要性。

> 《素问·疏五过论》："凡未诊病者，必问尝贵后贱，虽不中邪，病从内生，名曰脱营。尝富后贫，名曰失精。五气留连，病有所并。……诊有三常，必问贵贱，封君败伤，及欲侯王。故贵脱势，虽不中邪，精神内伤，身必败亡。始富后贫，虽不伤邪，皮焦筋屈，痿躄为挛。医不能严，不能动神，外为柔弱，乱至失常，病不能移，则医事不行，此治之四过也。"

人在社会中生存和生活，或多或少都会受到社会际遇、生活经历等方方面面的影响。有些人退休前工作安排稳定，繁忙有序，交际和交流活动频繁，退休后却落得清闲，甚至感觉无所事事。有些人之前工作收入稳定、生活富足，但后来因为各种原因失去了工作机会，收入减少，生活压力增大。有些人之前社会地位较高，受人尊敬，后来逐步受到冷落，无人问津，人走茶凉。

"社会的一粒尘埃，落到个人身上都可能会变成一座山"，人在社会中其实很渺小。尤其当下社会高速发展，产业迭代比之前任何一个时代都要快，科技发展日新月异，这些快速的变化对每个人都是一种很大的挑战。以前我们掌握一项技能和本领，可以维持二三十年乃至整个职业生涯直至退休，但来到当下，一项职业技能可能3—5年便技术迭代甚至被淘汰。在这种环境下，只能倒逼着大家时刻去学习更多、更新的技能。

所有这些社会的发展和变迁，人生的各种不同际遇、经历、起落，都是影响健康状态的潜在因素，因此我们如何应对和处理就变得更为重要。

> 黄庭坚《四休居士诗序》："粗茶淡饭饱即休，补破遮寒暖即休。三平二满过即休，不贪不妒老即休。"

北宋太医孙景初，自号四休居士，是著名书法家黄庭坚的好朋友，黄庭坚向他请教是哪四休，他回答说：饮食能有粗茶淡饭吃饱就满足；即使衣服缝补破旧，只要能避寒暖和就满足；日子平平稳稳过得去就行；不贪婪不嫉妒活到老就行。从"四休"看出，人生其实也可以很简单。

在不同的人生阶段，人在家庭、在社会中的位置和责任各有不同。年轻时无家庭负担，可以做自己想做的事情，敢冲敢干；中年时成家立业，上有老下有小，身在职场也面临诸多挑战，需要做到家庭、事业两方面的攻守兼备；晚年时逐步卸下社会工作和生活压力的包袱，但如何重新找到自己的位置，不管是兼顾照料家庭，继续力所能及地工作，参与社会活动，还是发展自己的兴趣爱好、周游享乐等等，这些都需要规划，更需要智慧。只要找到自己合适的位置，平衡好各方需求，既有所作为又随遇而安，很多身心问题或者生活困惑，便会迎刃而解。

## ⌒ 不肖者无畏

焦虑在当下已经成为非常普遍的现象，焦虑工作、焦虑家庭、焦虑生活、焦虑身体，各式焦虑确实让不少人心力交瘁。常言说"无知者无畏"，意思就是什么都不知道，就什么都不用害怕。现代社会信息量大，获取知识的途径非常便捷和丰富，随手一部手机、一部电脑，就可以让我们轻松了解各种类型的知识，知道很多事情，见识和视野也更加广阔。但为什么好像知道得越多，反而越畏惧、越焦虑？从另外一个角度看，知识就像圆圈，知识越多，圆圈越大，面对外部不知道的空白地方会更多，这就意味着更加无知。

那究竟是"无知者无畏"，还是"多知者无畏"？

诚然很多的恐惧和焦虑，并非取决于"知多"还是"知少"，而是源于我们把事情和物质看得"太重"。本来这种

"太重"并不是坏事，不需要完全否定。有生活追求、物质追求和精神追求是人之常情，也是人生发展进步的动力。只是这个度和方法需要自己把握和拿捏。我们可以试着想象，在天秤的一边放着事情和物质，另一边放着自己，孰轻孰重，掂量一下便一目了然。如果超出了均衡范围，要么加重自己的"分量"，要么降低物质的要求，在天秤的两边酌情加减，不断寻找新的均衡状态。只有让自己处于均衡状态，身心才不会背负过多与自身不匹配的压力、恐惧和焦虑，让物质重量与自身分量匹配，才能达到舒适的状态。

"愚智贤不肖不惧于物，故合于道"，就是告诉我们无论是愚者、智者还是贤者，只要对事情和物质做到"不屑"，不为事情和物质所左右，做好自己应该做和所能做的，问心无愧，又有何所畏惧！当内心更为坚定，身心就不容易受到外界事物影响，便可勇往直前，达到理想的效果和境界。

"不屑一顾"这个成语出自明朝方孝孺《送吏部员外郎龚彦佐序》"夫禄之以天下而系马千驷，常人思以其身易之而不可得，而伊尹不屑一顾视焉"，讲述伊尹被邀参与治国时，提出治国理念如果不是使百姓安居乐业，符合天道，即使获赠天下财富和宝马这些厚禄奖赏也会不屑一顾，虽知这些丰厚奖赏可能是一般人一辈子都想方设法去获取但又无法获取的。这可是一种心系天下的精神和担当。

伊尹是厨子出身，煮得一手好菜，但除了厨艺精湛之外，更是对当时社会的施政治理有一番独特见解。后来伊尹受到商汤赏识，商汤力邀他参与国家治理，伊尹便成为商朝开国宰相，完美诠释了"治大国如烹小鲜"的能力和境界。《汤液经法》是记录通过煎煮把药物变成汤药，用于治病救人的经典中医著作，相传是伊尹所作。由于年代久远，很多事实已经无法准确考证，但至今为止，伊尹的德行和功绩，以及不为钱财、地位所动摇的坚定信念，始终为世人所敬仰。

## 画竹解郁

郑板桥是清代著名书画家，扬州八怪之一。郑板桥年少时便立志为官，希望为天下苍生作出贡献，然而在官场上因为遭受排挤而壮志未酬、难有作为；人到中年后，生活上又屡屡遭受打击和挫折，最后更是因为为民请命而被革职，只好返回扬州以卖画为生。坎坷的际遇和经历使郑板桥有怒不得发，郁郁而不得志，一度肝郁气滞。

郑板桥喜爱竹，欣赏竹的挺拔、坚韧和清高，更是在自家门口种满了竹子，时刻感受竹的气息和品质。郑板桥画的竹非常有代表性，并具有极高的艺术价值。郑板桥画竹既描画了竹，更刻画了自己，可谓人物共融。

郑板桥《竹石》："咬定青山不放松，立根原在破岩中。千磨万击还坚劲，任尔东西南北风。"

经过一段时间的持续画竹，郑板桥的肝郁气滞的症状竟然在不知不觉中消失了。郑板桥常年画竹，深深被竹的气质所感染，心境也慢慢变得坚韧和豁达。作画本身也是一种很好的爱好，能够陶冶性情，心中郁结也自然散去。

值得一提的是，在众多竹子品种中，淡竹叶和竹叶心是常用的中药材。淡竹叶为禾本科多年生草本植物淡竹的叶，味甘、淡，性寒，具有清热除烦、利尿通淋的功效。竹叶心是慈竹卷而未开的幼叶，形态犹如一支针，具有清心定惊、清热解毒等功效。可见竹叶在中医药理上对清心怡神、治愈烦躁不安起到效用。郑板桥与竹为居，赏竹画竹，长期

西江边竹林

沐浴在竹林的气息之中，或许竹叶的药效也起到潜移默化的作用，舒缓了烦躁，洗涤了身心。

当我们内心纠结、心烦气躁或者郁郁寡欢的时候，不妨找一片茂密的竹海，放下忧愁、深入其中，好好感受竹海的那份意境和清新、宁静、舒适、神清气爽的感觉。

## ❧ 薪火相传

中华文明的伟大，在于源远流长，历久不衰，即使历经曲折磨难，仍然生生不息，蓬勃发展。中华文明的历史由亿万人民和数之不尽而且活生生的生活经历和故事汇聚融合而成。一代一代的先辈们，正是用他们的言语、行动和精神，塑造了当今中华文明的核心价值，同时也激励着一代又一代的人民前赴后继，奋勇前行。正如近年一部抗美援朝主题的电影里的一句对白，"我们把该打的仗都打完，我们的下一辈就不用打了"，这体现了志愿军战士们何其伟大的精神信念！没有历代人民持之以恒地创造、积累和传承，所有的文明、精神、价值都无从谈起。

国家、社会、家庭，都是重要的传承载体。天下之本在国，国之本在家。作为社会的最小单位，家庭更是文化和精神传承的基础，家长是子女的第一任老师，因此家风建设的重要性就不言而喻。常言道"家有一老，如有一宝"，家庭里如果有一位见多识广、人生经历丰富的长辈，能给予晚辈建议和指点，对于后生晚辈，甚至整个家庭的发展和传承，都起着至关重要的作用。历代为人所熟知的大家，他们撰写的家书、家训成为家族成员的人生格言和行为准则，流芳百世，也给整个中华民族的后人带来思考。这些家书、家训言语简单，态度诚恳，蕴藏着最为务实而又亲切的人生哲理。

> 诸葛亮《诫子书》："夫君子之行，静以修身，俭以养德。非淡泊无以明志，非宁静无以致远。夫学须静也，才须学也，非学无以广才，非志无以成学。淫慢则不能励精，险躁则不能治性。年与时驰，意与日去，遂成枯落，多不接世，悲守穷庐，将复何及！"

身教重于言传，除了以家训、家书等形式的言传之外，以身作则是一种最为直接的教诲。有些前辈文化水平不高，也并非大富大贵，不精于文字功夫，也不擅长言语表达，但从其平凡的生活点滴和待人接物当中，我们仍然能切身受教。就如一个简单而又持续的孝道行为，又或者一些发自内心的"礼尚往来"，已经能让后辈们铭记于心，更胜千言万语。如果只流于言语表达，自身行为却与之背道而驰，这种"言行不一"或者"行为不检"的形象就会默默地影响着身边的每一个人，并且在后辈中不知不觉地蔓延和传播开去。而这些不良影响，最终也会反馈到自己乃至整个家族身上。有句话非常耐人寻味："有些人用童年治愈一生，有些人要用一生去治愈童年。"细细回想一下自己的经历，便深知日常家庭言语行为的重要性和长远的影响力。

薪火相传，并非一定需要很大的智慧、很高的才华、丰厚的财富。只要我们能时常自省自悟，力求做到不迷不惑，体验人生百态，感受人情冷暖，结合自身经历不断实践和演绎，便可从中找到一些恰当且具有正能量的生活理念和方式，同时把这些生活理念和方式分享给身边的人。即使到了油尽灯枯之时，积累和沉淀下来的精神文明价值也能像点点星光，为家族后人在漫漫人生道路上提供指引，为他们在面对生活困苦时带来一丝慰藉。

七

起居劳作，有常有度

## ☙ 有所事事

自古以来，人类在大自然中生存，在社会中谋生和生活，都需要参加劳作。耕种养殖、手工制作、产品生产、经商买卖、家庭细务等事务都需要亲力亲为。在农耕社会时代，劳作更多属于体力劳动。工业时代带来大规模的机械化生产，人们借助机械设备大幅提升了生产力和生产效率，同时也降低了劳作的体力强度和艰辛程度。信息化互联网时代更是让我们可以在舒适的环境中工作，劳动的方式也多从体力转变为脑力，坐在办公室里，用着手机和电脑，不动声色便可以完成工作。

随着社会的发展和社会分工的成熟，人在不同人生阶段、不同岗位也有不同的劳动形式，有些人即使退休，也可以选择适合自己的工作或活动继续发光发热。

那为什么人需要劳动？首先，劳动可以创造物质和财富，支撑着生存、生活、延续和发展所需的一切。其次，在劳动过程中可以创造价值，通过这些成果和价值，可以知道自己对于他人、对于家庭、对于社会的意义或贡献，从而获得被需要和被尊重的心理满足，实现人的社会价值。传诵千年的名句"谁知盘中餐，粒粒皆辛苦"，便是劳动成果的体现，更是对劳动价值的尊重。

> 陶弘景《养性延命录》："从朝至暮，常有所为，使之不息乃快，但觉极当息，息复为之……夫流水不腐，户枢不朽者，以其劳动数故也。"

更为特别的是，劳动其实也是一种很好的延续生命的方式。如果我们不参加劳动，什么都不用做，是否会觉得无所事事，百无聊赖？这种感觉其实难以言喻，但如果身体长时间不能通过劳作活动而获得舒展，这种感觉总是挥之不去，让人憋得发慌。现在流行跑步、健身，参加不同类型的体育项目、社会活动等，就是因为平时工作多坐少动，需要增加一些项目来活动筋骨，让身心得以放松和舒展。

退休后如果有工作机会也不妨量力而行、主动参与，借助多年积累的经验和能力，继续为社会创造价值，为自己及家庭创造财富。如果赋闲无事，也可参加社会公益、体育活动，或游山玩水等。在家读书写字、种花养鱼、买菜做饭、含饴弄孙，也是颐养天年的生活和劳作方式。用当下流行的一句话来说就是，身体和心灵总要有一个在路上。而更好的状态是，身体和智慧，能一直在线。

## 形劳而不倦

在参与工作、家庭事务，或各式活动的过程中，享受到劳动成果或者身心愉悦之余，有时会不知不觉地忽略了随之而来的身心疲惫感。主观而言，对于某项工作、某些事务、某些活动，因为热爱，所以孜孜不倦，这本来是一种幸福的感觉，但随着年纪的增加，有些时候也要懂得"岁月不饶人"的道理。持之有度，谨防身心疲倦甚至损伤，反而更能长久。

《素问·宣明五气》："久视伤血，久卧伤气，久坐伤肉，久立伤骨，久行伤筋，是谓五劳所伤。"

人们从读书、写作、看电视，到互联网时代的用电脑、手机进行社交、工作，追连续剧、短视频或者小说。尤其是无所事事时，更是以手机为伴，每天过度使用眼睛的情况越来越严重。"久视"的问题非常普遍而且日益严重。中医认为肝藏血，开窍于目，过度用眼会造成眼睛疲劳干涩、视力模糊等症状，过度用眼时眼睛需要血液持续供给，这对于肝脏血液损耗较大。尤其是夜晚之时，本应躺卧睡觉好让血液回流肝脏，但如果此时我们躺卧在床上，于手机内容之中而流连忘返，则对眼睛和肝脏损害更大。因此最为恰当的是控制用眼时间，增加户外活动，多与外界自然接触，适时通过闭目养神来让眼睛休息。

行、立、坐、卧是我们日常最基本的行为动作，这些动作看似简单普通，但如果长时间过度进行，也会造成损伤。卧床太多，会在呼吸时感觉到气变弱，有种"吸不了多少，呼不出多少"的感觉。长时间坐着看电视、看书、打牌、看手机或者工作，肌肉无法得到调动和舒展，气血运行也会变得缓慢，对大腿、腰部、手臂等部位的肌肉也是一种损害。有些时候我们要站着排队等候很长时间，或者因为职业需要经常站立，会容易觉得腰酸腿痛，所以会自觉不自觉地找地方坐下。喜欢走路的人和徒步一族，都非常注重每天行走的步数，视为每天要完成的任务。有些人走5000步觉得吃力，有些人走8000步甚至10000步以上也觉得轻松。这些行走任务应该因人而异，以自我感觉舒适为佳，累了即止，否则会加重筋骨肌肉和关节的负担，导致疲劳损伤。

《类经》："人之运动，由乎筋力，运动过劳，筋必罢极。"

行、立、坐、卧，久之易伤，间之益彰。我们为拥有这些上天赋予的基本行为能力而感到庆幸，在使用的时候要倍加珍视。该睡觉时睡觉，该站立时站立，该走路时走路，该坐下时坐下。

## ☁ 起居颐养

有工作在身时，由于工作强度大，交际事务繁多，起居作息、午餐晚餐时间也没法保证，可谓"人在江湖，身不由己"。退休闲暇之时，工作或生活事务，活动时间均可自主安排，没有太多负担和压力，自由度大大提升，但此时更要讲究的是自律。自律除了是自己要求自己，更为重要的是，找到适合自己的规律。前人给予我们很多宝贵的经验和方法，是否合适，能否知行合一，全在于自己。

> 《枕中方》曰："怡养之道：勿久行，久坐，久卧，久言。不强饮食，亦忘忧苦愁哀。饥即食，渴乃饮，食止行百步，夜勿食多。凡食后行走，约过三里之数，乃寝。"

有些人习惯早起晚睡；有些人习惯晚起早睡；有些人大情大性，交游广阔；有些人心思细腻，谨小慎微；有些人简单随意，落落大方。每个人的性格、所处的社会环境和际遇，都或多或少影响着生活起居的方式和态度。尤其是退休之后，工作节奏、生活规律、情绪心情，都会产生较大的变化，需要在作息、饮食、活动、心态等方面重新找回节奏，按照适合自己的方式、规律去生活，就能找到舒适的感觉。

起居活动中，常常会遇到一些容易造成损伤的场景，就如我们简单地搬动一下桌椅、弯下腰来收拾一下东西，这些看似不经意的动作，我们也要适当注意。岭南春夏时节时间长，普遍湿度较大，湿气容易长时间积聚在体内。若我们在身体湿气较重的时候去搬动一些物件，甚至是强行搬动重物，如果在搬动时的发力方式和体位稍有不当，或是力量稍微不足，就容易引起腰肌劳损，这就是通俗来讲的"扭到了腰"。

岭南地区雨天时间较多，容易造成积水或者路面湿滑，外出行走之时尤其需要注意。另外，在上下楼梯、居家沐浴时也要注意预防跌倒。跌倒所产生的损伤轻则皮外伤，重则骨头损伤，尤其是股骨颈骨折，需要较长时间卧床治疗和康复，对于生活质量影响极大。

《诸病源候论》："一曰大饱伤脾，脾伤，善噫，欲卧，面黄。二曰大怒气逆伤肝，肝伤，少血目暗。三曰强力举重，久坐湿地伤肾，肾伤，少精，腰背痛，厥逆下冷。四曰形寒寒饮伤肺，肺伤，少气，咳嗽鼻鸣。五曰忧愁思虑伤心，心伤，苦惊，喜忘善怒。六曰风雨寒暑伤形，形伤，发肤枯夭。七曰大恐惧，不节伤志，志伤，恍惚不乐。"

## ☁ 闲居逸事

> 韩愈《送李愿归盘谷序》："穷居而野处，升高而望远，坐茂树以终日，濯清泉以自洁。采于山，美可茹；钓于水，鲜可食。起居无时，惟适之安。与其有誉于前，孰若无毁于其后；与其有乐于身，孰若无忧于其心。"

　　韩愈描述了一种穷居山野的生活，有时去登高望远，有时在树下坐上一整天，用山泉水洁身自省，有时到山中采摘植物果实，有时在水边钓鱼，把钓到的鱼虾作为新鲜美食。没有精神压力和负担，可以随意睡到想起来就起来。韩愈把一个人在山野独居的生活状态描述得如此惬意闲情，现今我们或许难以实现，但这也是从古到今都让人向往的大隐于世、自得其乐的生活方式。而相对于难以实现的"大隐于世"，"自得其乐"更值得我们学习，韩愈认为即使在生活条件如此简陋的情况下，也可以找到让生活有趣的事情，并乐在其中，这才是生活的真谛。

　　午睡是起居生活中一种很好的休憩方式，可以缓解困乏，养心怡神，对于个人在下午的精神状态有很大提升。陆游在《午梦》中提到"不觅仙方觅睡方"，可见午睡犹如灵丹妙药一样。"食罢一觉睡，起来两瓯茶。举头看日影，已复西南斜。"午睡到太阳下山，醒后举茶望日，也是一种美好舒适的生活状态。

相比起来，唐朝的裴度则更为讲究。裴度在晚年之际常居在绿野堂内，午饭吃饱后散步慢行助消化，行至凉亭再浅浅地睡一觉。醒后煎上新鲜出产的茶，茶色碧绿，茶香清新。斜躺在椅子上细细品味，潺潺流水的声音也随风而来，增添了几分意境和闲情。

> 裴度《凉风亭睡觉》："饱食缓行新睡觉，一瓯新茗侍儿煎。脱巾斜倚绳床坐，风送水声来耳边。"

## ☁ 医武结合

中国功夫是非常具有代表性的中国传统文化之一，可谓享誉国内外，在世界各地都受到众多爱好者热烈追捧。自20世纪90年代后，出现了多部武侠题材和岭南功夫题材的电影和武侠小说，至今让很多人记忆犹新、津津乐道，让即使没亲身学习过功夫的人也能充分感受到功夫文化尤其是岭南功夫的动感和魅力，甚至为之着迷。

佛山作为全国知名武术之乡，是南派武术的发源地之一，明清时便云集了各路门派。为人所熟悉的黄飞鸿、梁赞、陈华顺、叶问、李小龙等武术宗师或是佛山人，或是主要师承渊源在佛山。当时很多佛山人有习武的习惯，强身健体之余，关键时刻还可防身自卫，可见佛山武术底蕴之深厚。想要功夫不断提升、追求更高水平，就需要平时勤加苦练，同时还需要同门派或者跨门派的切磋交流。拳脚无眼，在平时的武术练习或比武切磋中，气血、肌肉、筋骨的损伤也是在所难免的，更有甚者可伤及内脏。

《佛山精武月刊》（1927）："大凡练拳术者，多半无力而呕力，惟恐迟缓而奔腾，殊不知无力呕力则伤血，不速求速则伤气，气血俱伤，所收功效极少，所伤内脏极巨，其各部所增加之力，乃外力非内力，所勉强成之速，乃难持久也。"

明清时期佛山的纺织业、手工业蓬勃发展，冶铁铸造等工业也非常发达，商贸活动活跃。成书于清朝道光十年（1830年）的《佛山街略》，是一本记录了当时佛山古镇内主要商业街区数百家各式手工业店铺、药材铺、海味铺等商店，以及主要景点、行业协会的游览购物小册子，可见当时的佛山产业发达，产业人员密集，商贸繁华。

不论是武术、粤剧、舞狮的练习者、表演者，还是手工制作的从业人员，他们在日常练习过程或是工作当中，容易遭受一些皮外伤和跌打损伤。正是在这样的时代背景和需求下，佛山的跌打骨伤科应运而生。随着时代的发展变迁，包括佛山和广州在内的各地骨伤科名医名家云集广州西关，共同塑造了西关正骨的百年传奇。跌打骨伤科除了运用驳骨按摩等手法外，对于外用药也非常讲究。用跌打骨伤科的配方配制成药膏或者药酒，结合外敷、外涂的方法直达患处，可以起到非常明显的治疗功效。

当时佛山商贸人员往来密集，为便于患者携带和服用，中成药也得到蓬勃发展。从最初的个体制药作坊发展成为知名品牌，许多中药店铺留存至今。药酒、药油、药膏、药丸、药散、凉茶包等，各式中成药制剂应有尽有，中医药的应用在当时佛山民间非常普遍而且成熟，可谓"高手在民间"。坊间流传着这样一段故事：一位老人家不慎跌倒，头部损伤导致昏迷不醒，家人请来医生医治，医生诊断后也表示束手无策，让家人准备后事。老人家的其中一个晚辈亲戚从事中医，见情况严重便过来探望，把脉诊断后却说："只死了一半，还有一半没死，可以一试。"随后医者开具药方让患者家人灌喂汤药，果真，三服药过后，老人家的意识逐渐清醒，家人们喜出望外，大呼神奇。此时老人家虽然意识清醒了，但身体还是不能动弹，还须调整方剂继续服药。后来通过数月的服药医治调理，老人家基本康复，一切如常。类似的病例在当时医疗条件相对落后，但中医药发展成熟的佛山应该是累见不鲜。中医药就是这样默默守护着大家的健康，为后人铭记和称道。

## ☙ 茶见功夫

茶源于《神农尝百草》的传说故事："神农尝百草，日遇七十二毒，得荼（茶）而解之。"茶的使用及其药用价值就这样被记录下来。时至今天，茶已经成为人们生活当中必不可少的饮品，同时被赋予了深厚的文化底蕴。从不同种类茶的栽培方法到制作加工，再到冲泡、闻香、品尝，一整套的茶道文化，既见功夫，又见心境。

"功夫"是指对茶道和茶艺的熟悉程度以及对茶的品鉴能力。泡茶的流程或许因人而异，纷繁或简单，各有喜好。用水的讲究以及对于茶的品鉴欣赏，则是非常考验功夫的。据《茶经》记载，煮茶之水有等级分类，要选用优质之水来煮茶，《茶经》还对煮水时水的沸腾状态进行分类描述；煮茶前需要先用"活火"来烤茶；煮茶的器具也有讲究。如此林林总总的注意事项，可见茶道的精细。另外，不同种类、不同产地的茶，泡出来的汤色、香气、口感更是大相径庭，能辨别鉴赏之人，必是积累深厚、心思细腻、感官聪慧，品茶功夫可见一斑。

《茶经·五之煮》："其火，用炭，次用劲薪。……其水，用山水上，江水中，井水下。"

酒越喝越让人兴奋，茶越喝越让人平静，品茶的心境油然而生。自茶道文化在唐朝逐渐兴盛后，人们便把茶作为一种修心静心的方式，不论是独自斟饮，还是三五知己品茶论道、谈天说地，除了能欣赏茶里所蕴含的香味与自然气息，更能在茶道中感受人生"沉时坦然，浮时淡然"的生活智慧。

在岭南地区，茶文化中尤以潮汕工夫茶最具代表性。工夫茶是潮汕地区传统而独特的饮茶习惯，从"工夫"二字便可见其十分讲究。茶具有四宝：用于生火烧水的红泥炉；用来烧开水的壶（砂铫）；用来泡茶的紫砂茶壶；用来品茶的品茗杯。烧水要用炭生火，尤以榄核炭为佳。泡茶的水温要合适，待水面上出现鱼眼大小的气泡，听到水沸腾时飕飕作响方可使用。茶叶以单丛等乌龙类为主，茶味浓香。洗茶、冲泡、刮沫、淋罐、烫杯之后，再使用"关公巡城""韩信点兵"等方式均匀地把茶倒入茶杯中。品茶者闻茶香、观茶色，然后慢慢品赏茶的味道。一番工夫过后，茶的气和味尽然而至，那份获得感和幸福感油然而生，正如苏轼所言，"不用撑肠拄腹文字五千卷，但愿一瓯常及睡足日高时"。此时此刻，即使满腹经纶，也不及这茶香睡足来得惬意和满足。

一步一步的工夫，就如同日复一日的生活，看似循规蹈矩、枯燥无味，但若能专注用心、沉着细致、从中作乐，定能在生活中有更多发现，在待人接物中有更深刻的感受。在方寸茶盘之间，从工夫到功夫，从茶道到人生，在茶道处用工夫，在人生中见功夫。应对人生的功夫，只有日积月累、勤恳用功，方能更上一层楼。

八

识食有节

## ☁ 懂得欣赏

有个有趣的现象，国内很多商业文旅繁荣发达的城市景区或一些大型商业步行街内，都有一条或者多条声名在外的美食街或者美食夜市，游客通常会把其列为必到游览地点，可见"民以食为天"这句话的分量。尤其是广东人对美食的热爱和追求，可是在全国乃至海外都出了名。日常驱车数十乃至上百公里，就为品尝一些独特、地道、新鲜的美食，这便是广东人对"食"的态度。

学会欣赏不同地方的美食，而不仅仅是满足饱腹之欲，如果对待美食犹如"牛嚼牡丹"，那么我们一定会错过很多美好。一个地方的饮食习惯是长年累月沉淀下来的，具有存在的合理性或者必要性。通过饮食习惯最容易了解一个地方的水土气候和民俗风俗，就如有些地方喜欢清淡，有些地方喜欢辛辣，有些地方喜欢浓咸，有些地方喜欢甘甜，这些背后都蕴藏着生活习性、文化习俗，甚至是对自然和世界的看法和感悟。更具深远意义的是，美食会在不知不觉间化作一份独特而美好的回忆，成为我们时常怀念、挥之不去的"以前的味道"。

"吃之有味，吃出其所以然。"

## ☁ 吃出真味

食以味为先，除了烹制的味道，其实每种食物都有自己独特的味道。所谓菜有菜味，瓜有瓜味。鸡要白切，鱼要清蒸，虾要白灼，菜心要白灼。这些在粤菜里惯常的烹饪方法，无不体现了广东人对美食的追求和关注，是落在食物本身的味道上。

洪应明《菜根谭》："酰肥辛甘非真味，真味只是淡。"

这其实也是一种求真的表现。如果所有菜式都用千篇一律的味道去烹制，就会让每样食物都失去原味，那么我们感知自然万物多样性的能力也会慢慢减弱。当然，没有盐的咸味，无法带出食物本身的味道，所以这个"淡"不是没有味道，而是恰到好处的味道搭配。

味道除了影响食物口感外，也和人体脏腑机能息息相关，味道过重会给身体带来负面影响。

中医把味归为五类，称为"五味"，包括酸、苦、甘、辛、咸。而五味对应人体的五个脏腑，酸入肝，苦入心，甘入脾，辛入肺，咸入肾。

《素问·生气通天论》："阴之所生，本在五味，阴之五宫，伤在五味。是故味过于酸，肝气以津，脾气乃绝；味过于咸，大骨气劳，短肌，心气抑；味过于甘，心气喘满，色黑，肾气不衡；味过于苦，脾气不濡，胃气乃厚；味过于辛，筋脉沮弛，精神乃央。是故谨和五味，骨正筋柔，气血以流，腠理以密，如是则骨气以精。谨道如法，长有天命。"

酸味主收敛，能生津助消化，所以有望梅止渴的典故。广东、广西地区都有吃咸酸（酸嘢）的习惯。咸酸由白萝卜、红萝卜、黄瓜、木瓜、辣椒、荠菜等果蔬腌制而成，除了酸味外，还糅合了食物的咸味、辛味以及腌制调料的甜味，多种味道交融，作为一种特色小吃确实使人胃口大开。

辛味主发散，能通窍发汗，如葱、姜、蒜、辣椒都属于辛辣之物，当我们吃麻辣菜式或者火锅时，身体会不断发汗，就是被辛辣味道所推动。此时如果感觉辛辣过度，大汗淋漓，我们可以喝点酸酸甜甜的饮品，如酸梅汁或者果汁等，辛辣发散

咸酸

的感觉会得到抑制或收敛，身体会舒服一点。

　　甘味较为平和，能补脾益胃，是让人感受幸福甜美的味道。饴糖，也称为麦芽糖，是由米、麦等粮食发酵糖化制成的。在物资匮乏的年代，这是很多人童年时难以忘怀的传统甜食。除了作为一种经典小食外，饴糖更具有药用价值，能起到补脾和胃的效果。"医圣"张仲景《金匮要略》中的经典方剂黄芪建中汤，就须用饴糖一起服用，达到甘温补脾、建中理胃的功效。另外一味被称为"药中国老"的甘草，味道甘甜，凭借其性平味甘的特性，发挥了调和诸药的作用。

　　苦味清心降火，一般都带有寒凉之性，因此"苦寒"就成为一对组合。日常食用的苦瓜、苦麦菜，都是味苦性寒凉，具有清热之功效。更具代表性的是莲子心，就是藏在莲子肉里的一条绿色胚芽，犹如一片茶叶，但味道苦涩，具有清心火、安神的作用，民间常用来泡茶饮用。说到茶，苦丁茶的苦更是令人印象深刻。夏天暑气蒸腾之时，泡一壶苦丁茶作为清热消暑的饮品，能让人从苦寒回甘的味道之中感受到暑热中的一丝凉快。

盐是百味之本，也是人体必需的成分，咸味滋养肾气，我们所烹制的食物大部分都是以咸味为主。即使讲求清淡的烹制方法，如蒸鱼可以不用酱油但也要用油盐，白灼菜心也是要用油盐，可见盐作为基本味道的重要性。有着"沙漠人参"之称的肉苁蓉，味甘咸，具有补肾益精的功效，是常用的补肾中药材。肉苁蓉多生长在沙漠盐碱地，这种自带咸味的补肾药材，使得"咸味入肾"更容易被理解。另外一些常用的补肾药材如杜仲、巴戟、女贞子、山萸肉等，都习惯用盐来炮制，盐制后使其补肾的药性更好发挥。

各种味道适度，搭配得当，除了使食物口感丰富外，身心的感受也会舒畅平和。然而味道若太过，则会伤及身体。酸味太过则伤脾；咸味太过则伤心；甘味太过则伤肾；苦味太过则伤肺；辛味太过则伤肝。患有某些疾病的人对于过度的味道会有明显反应，就是这个道理，我们需要按照实际情况去注意和避忌。

冷谦《修龄要指》："厚味伤人无所知，能甘淡薄是吾师。"

## ❧ 不时不食

食物讲究的是时令，这是大自然在不同季节赐予人类的礼物。唯有在当下享用，才不辜负大自然的厚爱。

就岭南地区而言，春夏的通菜，夏天的冬瓜，秋冬的西洋菜、迟菜心等，都是应季蔬菜。只要稍微用心去体会感受，当造的蔬菜会有特别的味道。如连州菜心、增城迟菜心，11月后开始陆续上市，越往隆冬时节，尤其是经历过霜冻洗礼后，菜心的味道会更加清甜。

有些水果也是只有应季时才有得食用，如夏天的荔枝、龙眼、黄皮。从"一骑红尘妃子笑"的唐朝，到冷链物流配送发达的现今，水果一千多年来都在与时间赛跑，确保的就是"时令新鲜"。还有更为珍贵，采摘期更短、稍纵即逝的长在荔枝树下的荔枝菌，整个生长周期可能只有几天时间，在菌尖未打开前采集为佳，不能及时发现、及时采集，它就会枯萎凋谢，错过就只能等待明年。

荔枝菌素有"岭南菌王"的美誉，味道极鲜但属性寒湿，适合用油、盐，配姜片清蒸，保留荔枝菌的鲜味之余，借助姜的温热制约荔枝菌的寒气。另外一种做法为用鸡汤浸荔枝菌，用鸡、红枣、生姜熬制鸡汤，再放荔枝菌入鸡汤里烫煮。鸡汤的浓郁和温补，能中和荔枝菌的寒气，更能提升荔枝菌的鲜味。味蕾得到满足时，也确保身体不受侵害，甚至于身体有益。

荔枝菌（采摘后的鲜品）

清蒸荔枝菌

珠三角水系发达，水产养殖历史悠久，"桑基鱼塘"正是因桑树种植、养蚕和鱼类养殖的良好生态循环而备受赞誉。淡水水产类包括河鱼、河虾、河蟹、白鳝、河蚌等，都是非常受欢迎的美食。

　　不同的河鲜品种在不同的时候食用非常有讲究，会让食物更有风味。"春边秋鲤，夏三泥，清明虾"，是老广品尝时令河鲜的口头禅。春天吃边鱼，秋天

鲮鱼肉制作的鱼丸、鱼腐等制品

鲤鱼肥美，清明时节的虾最好。又如西江毛蟹，一般合适的品尝季节在9、10月，但如果有机会在11、12月份再次品赏，就会发现由于这多出一两个月的生长时间以及当下季节气候的变化，此时的毛蟹在口感鲜味、膏腴成熟程度等方面可能会更胜一筹，可见"时候"对于物产的重要意义，差一点就是差了一点。

　　鱼虾蟹虽然营养、美味，但老广普遍认为水产食物都有"湿毒"或者"热毒"，容易诱发旧患伤痛或身体过敏。但只要搭配一味中药材即可缓解这些"毒

紫苏姜片蒸蟹

性"——紫苏叶，有散寒发表、理气宽中等功效，同时具有一种特殊的香气，《金匮要略》中记载"治食蟹中毒：紫苏煮汁饮之"。蒸螃蟹时伴着姜片、紫苏叶一起蒸，在使螃蟹清香之余更能化解螃蟹的"寒"和"毒"。

除了时令物产外，从人与自然和谐共生的角度，就是要食用适应当下时节的食物，借助饮食来让身体更好地适应当下的气候环境。

"十月火归脏，番薯芥菜汤"，这是一款适合秋天，制作简单的汤水菜式，用芥菜的寒凉搭配番薯的甘润，压制人体内秋天泛起的燥火。芥菜番薯淋甜，汤水清润可口，是一道老少咸宜的美味佳肴。

冬瓜水和冬瓜羹是两款均以冬瓜为主要食材的菜式。盛夏暑湿最重的时候，冬瓜水可以派上用场，加入薏米、绵茵陈、木棉花等各式消暑、利水、祛湿的药材，配以猪骨或瘦肉，汤水口感清爽，是很多老广家庭应对夏天炎热天气的利器。而冬瓜羹则加入更多其他配料和食材，如冬菇、瘦肉粒、瑶柱、虾米、火腿等，汤底更为浓香，减弱了冬瓜的寒凉，却多了一份滋养和醇和，夏秋季节饮用也非常合适。

### ☙ 搭配组合相宜

按照中医的理念，不同食物有自己的属性，四气五味、寒热温凉，因此要懂得分辨属性，寒热搭配。

如夏天常吃的苦瓜，有一种苦瓜黄豆排骨汤的做法，如果在苦瓜汤中再加入蚝豉（晒干的蚝肉），相当于在寒凉之物中加入养阴滋补的海味海产，既抗衡了苦瓜过分苦寒之气，又可提升汤水的鲜味和层次感，可谓相得益彰。另外一款适合夏天食用的甜品也深受岭南人民喜爱，可谓夏天消暑神器，即陈皮海带绿豆沙。绿豆寒凉，能清热解毒、消暑止渴，海带也属于寒性，能清热利水，两者的结合强化了清热消暑的功效，而陈皮的加入，则是把两者的寒气在脾胃中稍作缓和，同时陈皮也提升了绿豆沙的香味，在海带鲜味的配合下，整个口感层次便饱满地呈现出来。每当盛夏暑湿之时，即使汗流浃背、食欲不振，来上一碗冰凉的绿豆沙，顷刻间感觉暑热消退，冰凉畅快。

顺德著名小吃姜撞奶，是用鲜奶搭配生姜。为什么会有这样的搭配？中医认为牛奶性寒，多喝会增加脾胃的寒气，有些本身脾胃寒凉的人，喝了牛奶就会拉肚子，就是这个原因。但加入生姜后，便很大程度制约了鲜牛奶的寒气，享受到牛奶的营养之余，又不会对自身脾胃功能构成影响，而且两者组合后口感更佳，便成为一款经典而又美味营养的小吃。

在岭南地区吃热气食物，如辣椒、煎炸食物后容易上火，所以喝凉茶清热祛湿便成为传统习惯。岭南地区中草药种类繁多，组合方式也非常多元，可以各取所需地进行搭配制作。广

梧州凉茶铺

东凉茶已是闻名全国，远销海外，不论是散落在城区街角的凉茶铺，还是包装精美的品牌凉茶饮料产品，可谓品类众多，任君选择。

广西梧州地区的中草药应用历史悠久，在民间的应用非常普遍。梧州龟苓膏是其远近闻名的具有药膳功效的代表性美食。龟苓膏用草龟、土茯苓、金银花、罗汉果、蜂蜜、凉粉草等原材料制作而成，口感爽滑柔软，苦涩中带有甜味，风味独特，具有清热解毒的功效。另外梧州地区的凉茶铺也别具特色，每款凉茶都有针对的一至两项的主治症状，或是由一味中草药煲制而成，大家可以根据自己的症状来选择服用。有意思的是，如果感觉自己的症状比较多样，还可以自主选择两款以上的中草药凉茶进行组合，达到疗效复合多元的效果。

## 主次分明

各种食物都有其特点和属性，重点在于主次清晰，全面兼顾。五谷为主，最养人。肉类有补益作用，可提供充足的能量和养分。不同种类的蔬菜和水果可帮助人体消化吸收和补充更为多元化的养分。

《素问·藏气法时论》：“五谷为养，五果为助，五畜为益，五菜为充。”

岭南人讲求“有米气”，粥粉面饭作为主食已经成为生活习惯，如果有一餐饭没有“米气”进肚子，总有种不踏实的感觉。天气炎热的时候，岭南人民又会把米熬成的粥或者米浆做成的粉作为主食，因其更易入口，更好消化。广东人常吃的有白粥、皮蛋瘦肉粥、生滚肉粥、艇仔粥等。以前的艇仔粥是在艇上制作的，靠岸后恭候食客购买享用，用料包括鱼片、叉烧丝、鸡蛋丝、鱿鱼、浮皮、花生、油条等，满满一碗都是食材，口感非常丰富。日落时分，在河边小艇旁，吃上一碗香绵的艇仔粥，也是一份简单的惬意。潮汕地区的海鲜砂锅粥更是汇聚虾、蟹、蚝等各式海鲜，犹如一份海鲜大餐。主食和海鲜能如此共融，足见人民的智慧和美食的魅力。

另外，广东有炒牛河，炒米粉，肠粉，猪肠粉，鱼蛋粉；

广西有带酸辣的螺蛳粉，桂林米粉，老友粉；海南有用猪肉、猪杂做汤底的后安粉，抱罗粉等。各式米粉搭配着不同的肉类和蔬菜，可谓荤素结合，营养丰富。简单的一碗粥、一碗粉，便可领略许多风情和故事。

岭南天气炎热，水土卑薄，对人的食欲、消化和饮食习惯影响较大。天气炎热，湿气重，湿度大，食物口味以清淡为主，其中饮用汤水是补充汗液和营养的方法。将不同肉类搭配蔬果和草药熬制，便可制成多种美味营养的汤水。在炎热夏天食欲受阻的时候，这便是一个适合时令的吃法。除了大家所熟悉的"煲汤"，"滚汤"也是一种日常制作汤水的简便方法。简单的如煎好鸡蛋后加水"滚"个葱花鸡蛋汤。又如将白鲫鱼、鲩鱼头、鱼尾加姜片去腥驱寒，轻微油煎（走油）至金黄后放热水，加上丝瓜、水瓜、节瓜等瓜类或者豆腐，用时十多分钟，便可完成另一款美味可口的"滚汤"。汤水是一种形式，把肉类、蔬果等食材充分糅合在一起，并结合了岭南的气候水土特点和人体的消化吸收能力，是岭南特色美食的代表之一。

蔬菜水果也是岭南人饭桌上的必备品。外出吃饭点菜时总有一个习惯，主菜、肉菜点好后，必有单独一款是青菜（清炒、上汤均可），最后以主食、时令水果或甜品收尾，整个菜式才显得周全和完美。

九

民俗文化，乐享其中

## ☁ 乐其俗

一个地方民俗文化需要经过长时间的沉淀，最终才成为我们现在看到的样子，而在漫长的形成过程中，这些文化习俗会把当地的"天时、地利、人和"等因素融入进去，总的来说就是"在什么时候，做什么事情，大家会最开心、最舒畅"。如果一项文化习俗达不到这样的状态，就不会吸引大家持续举办和参与，也就无法长时间延续下来。就如清明节拜祭祖先这项持续千年的风俗，尽管全国各地的拜祭时间、拜祭方式、拜祭习惯、祭品都各有不同，但相同的是"对祖先的缅怀，对后人的寄望"的情义，正是这份情义，把家族老少都聚集在一起，把家族精神延续下去，让中华民族、中华文化有根可寻。

因此，文化习俗、节庆活动最能体现当地的文化精华，是当地各种文化核心价值和生活方式的结合。我们要积极参与和体验民间民俗活动，从各项民俗文化活动中感知自然，认识人情，融入社会。

岭南大部分地区冬季受严寒气候影响较少，下雪结冰一般仅出现在粤北地区和海拔较高的山区，秋冬季节也相对较短，而春夏尤其是夏天较长。按照现在的气候季节划分标准，即入秋为连续5天的滑动平均气温≤22摄氏度且≥10摄氏度，入冬为连续5天的滑动平均气温≤10摄氏度，粤北的秋冬时间还能有所保证，而珠三角、粤东、粤西地区有相当部分达不到入冬条件，也就是说连"冬天"都没有。

当北方大部分地方处在漫天冰雪的寒冷之中，面对一片白茫茫的世界，不得不长时间地待在室内避寒时，生活在岭南地区的大部分人民，在冬春季节仍可以自由漫步于街头巷尾、山野田间，从事各种户外活动。这为很多民间节庆、民俗活动提供了有利的气候条件。

张孝祥《定风波》："莫道岭南冬更暖。君看。梅花如雪月如霜。"

## ✐ 冬春花木生

岭南的冬春两季可谓相互交融，你中有我，我中有你。冷空气南下时，温度直降，寒意逼人，冷空气过后暖湿之气又会逐步回归，待下一次冷空气光临时，气温又会再次下降，冷暖相间直至当季的冷空气活动全部结束。粤语有句谚语"未食五月粽，寒衣不入栊"，就是描述这种状态。正是这种冷空气与暖湿气流交替、交融的气候条件，使得岭南在冬天时节仍能保持一派生机勃勃的景象。

12月到2月间，是岭南梅花绽放的时候，从粤北南岭山区到整个南粤大地均有梅花的踪影。韶关南雄（大庾岭）梅关古道的梅花可谓历史悠久。大庾岭古道由唐朝宰相张九龄主持开凿修建，是连通岭南和中原的交通要塞。历代文人墨客途经至此，都被梅岭的梅花所惊艳而留下众多咏梅的诗句。清代的对联"红白花开两样雪，来往人占半边山"展示了当时到梅岭观

韶关南雄大庾岭梅关古道

赏梅花人山人海的盛景。而何香凝的"先开早具冲天志，后放犹存傲雪心"更是突显了梅花高贵的品质。

从韶关南岭到广州北部从化流溪河国家森林公园千亩梅林、依山傍水的"流溪香雪"，再到广州黄埔的"萝岗香雪"，梅花在岭南的分布可谓自北向南。值得一提的是，"萝岗香雪"的来历有一段典故：800年前南宋参议中书省兼知政事、朝议大夫钟玉岩从韶关大庾岭（梅岭）带回来的梅花苗，在萝岗经过历代的精心栽培，苗壮成长，蔚然成林。从此，梅花犹如穿越了时空，在岭南地区南北呼应，一脉相承。每年花开之时，都吸引着各地爱花赏花之人打卡游览，游人如鲫的画面，从古至今，从未改变。

如果说梅花需要去种植地观赏，桃花则可以摆（插）在家中或庭院或办公场地，图个新年好意头——枝繁花盛，大展宏图。春节前后，在广府年俗中，桃花是必不可少的单品，除了从市内摆卖的花农手中购买桃花外，直接到桃花种植地欣赏并挑选采购逐渐成为流行的方式，珠三角等地一些知名桃花种植地借此进入广大游客的眼帘。其中广州石马桃花最为闻名，石马村位于广州白云区均禾街道流溪河畔，桃花种植历史超过300年。每年春节前是桃花采购旺季，各地买家、游客汇集在石马桃花田前，车水马龙，人来人往。广州荔湾区芳村片区的海北东石村桃花种植也有百年历史，顺德、从化等地也打造了以桃花种植为主题的文化旅游公园，满足岭南人民游览赏花需求之

广州石马桃花田

余，更能满足他们对新一年美好生活的期待。穿梭于桃花田间的小径，被大片桃花林所环绕，左顾右盼，精挑细选，欣赏拍照，确实别具一番诗情画意。

不论是"投桃报李"，还是"桃李满天下"，桃和李都是如此搭配，成双成对。而岭南地区的李花，开花时节也是在冬春，与桃花交相辉映。广东茂名信宜市，被誉为"中国李乡"，每年的一月和二月，就会迎来李花的最美赏花期，洁白烂漫、漫山遍野的李花，吸引各地大批群众前往观赏。与桃花和梅花的花红灿烂相比，李花更显得银装素裹、冰清玉洁，远处眺望犹如一片冰雪覆盖，何尝不是又一道岭南香雪的美景？！

在春节前后，岭南人民对花木的追求可谓达到了高潮。年桔和各式随着种植技术提升而集中上市的花卉，在不同人眼里确是眼花缭乱、各有所爱。金桔、四季桔、水仙花、蝴蝶兰、五代同堂（五角茄）、长寿花、菊花、百合、红掌、吊钟、剑兰、海棠、芍药、牡丹、银柳、鸡冠花等，数之不尽。只要穿梭于广州芳村、番禺，佛山的顺德一带的年桔花卉种植基地和花卉交易集散地，看到那种人与年桔、年花的交织场面，就可以充分感受到岭南春节的人气和生机。

除了去花场种植基地和交易集散地外，有一种更为便利、更为亲近的买花和赏花方式，就是远近闻名的"行花街"。相传广州的花市起源于明代，在广州市五仙门附近。当时，广州珠江南岸的"南番顺"一带有很多以种花为生的花农。他们从五仙门附近的码头登岸卖花，形成了最早的广州花市。广州花市到了近现代逐步稳定在广州越秀区西湖路附近，成就了西湖

2024年荔湾花市

2023年西湖路花市

路"百年花市"的美誉。时至今天，广州市各区，以及整个岭南地区各市、各县都会举办自己的花市和年货市集。岭南人民可以就近前往心仪和熟悉的花市，挑选年花、年桔，以及对联、挥春等好意头的年货产品，给家里增添更多的喜庆节日气氛。如此岁岁年年，"行花街"便成为了几代人的集体回忆，更是凝聚了人们一种对家乡的向往和归属感。

## 灯火热烈时

春节前后，岭南各地人民对"灯火"也别有一番追求。如果说年桔、年花带来了新一年的希望，那么灯火则是给人一种温暖、兴旺、热闹的气氛，还有生活红红火火的好意头。

在广东人春节前准备的年货中，炸油角、蛋散是其中的主角。春节前开油镬炸油角、蛋散是以前老广们一家老少共同参与的重要家庭事务。用面粉做油角皮和蛋散，再把皮切成圆形，在家庭中制作，由于工具有限，甚至就直接用杯口压在面粉皮上，一个个圆形的油角皮便被制作出来。另外准备好油角的馅料，就可以开始逐个手工包制。开油镬是一个极具仪式感的过程，也是家肥屋润的象征。伴随着沸腾的滚油发出滋滋的声音，油角、蛋散在油锅里被不断翻滚，变得结实而又松脆。当油角、蛋散的颜色逐渐变得金黄时，便可以捞上来隔油，散开铺在大盘子里，待其热气散尽后即可装袋食用。随着生活条件的提高、生活习惯的改变，现在在家里开油镬炸油角的机会

包油角

炸蛋散

日渐减少，取而代之的是在一些老牌饼铺店家门前大排长龙等候购买。当拿起油角吃进嘴里的时候，还是满载回忆的幸福味道。

相对于一家老少齐聚一堂开油镬的烟火，春节期间还有一种大人和小孩们都很喜欢的"火"，就是放烟花炮仗。从除夕夜到年初一凌晨时分，炮仗声就开始络绎不绝，贯穿整个春节。除夕夜晚12点后各家各户在家门口"烧炮仗"的画面，至今还是很多老广的美好回忆。放鞭炮、烟花是全国各地传统庆祝新年的方式。爆竹声中除旧岁，炮仗更是辞旧迎新的标志和仪式。炮仗的响声以及所散发出来的火光和火药的味道，正是寓意着驱逐邪气、迎春接福。

而年轻人和孩子们则是被各种花式烟花所吸引，他们约上三五知己，在大人的带领下，带上"沙炮""地老鼠""火箭炮"等大大小小的烟花，在庭院、河边等空旷之地，尽情享受烟花所带来的烟火气息。

除了民间自发的烟花燃放，岭南地区不少城市也会在春节期间集中举办烟花汇演，其中广州白鹅潭和香港维多利亚港的大型烟花汇演更是极具规模和观赏性。自20世纪90年代开始的广州白鹅潭烟花汇演，在开阔的白鹅潭江面上，那种持续连贯、花式多样、从天而降的现场烟花场景，无不让在岸边围观的数十万民众为之震撼、兴奋和喜悦。2024年广州白鹅潭烟花汇演的回归，更让很多老广追忆起"那些年一起看过烟花的人和事"，并生出对新一年的憧憬。此情此景，可谓是人间烟火

放烟花

的最美体现。

　　岭南地区在农历正月到二月之间，还有很多"灯火"相关的节庆活动。正月十五元宵节是中国传统中浪漫而温馨的节日，看花灯、闹元宵成为必不可少的习俗，此时各式主题、造型各异的花灯将会悉数登场，成为夜幕下最为璀璨的景致。一家老少穿梭于各式花灯中，注目观赏，其乐融融。而"月上柳

2025年广州文化公园元宵花灯

梢头，人约黄昏后"，更是在这些景致的映衬下，成为最为浪漫唯美的情景。

除了花灯、彩灯的静态欣赏，还有一些活力十足、火花四射的烟火活动。如揭阳的烟花火龙，在制作好的火龙身上布置好烟花火箭，到活动的最后环节，整条火龙的烟花被点燃，喷发出来的花火，活脱脱地形成一条真正的"火龙"。又如广东

2023年新兴县舞火篓

新兴县的舞火篝，参与者会提前把木头和助燃材料准备好，用竹篮装起来，然后大家一起抬到一个地方集中竞相点燃，谁的火篮烧得最旺，就能获得最好的兆头。于是大家齐心协力把火篮烧到最旺，并抬着这些火篮沿着村落各家各户门前巡游，让每个乡人都能感受到火篮的热烈。

在岭南地区，花灯、彩灯、鱼灯、烟花、炮仗、火龙、火篮、火把等很多和"灯火"相关的节庆习俗可谓数不胜数，可见人民对"火"那种与生俱来的向往和追求。各地各处有不同的仪式和风俗习惯，但相同的是，这些习俗都为春节期间乃至整个春天带来最为温暖、热烈、红火的气氛，同时给予岭南人民巨大的鼓舞和热情，迎接新一年的到来。

## 上善若水

岭南的雨季时间跨度较大，从春天滋润万物的春雨和清明时节的"雨纷纷"，到夏天突如其来、电闪雷鸣的滂沱大雨和台风雨，再到秋冬时节冷暖空气交汇时所产生的让人"沾寒沾冻"的冷雨，似乎一年四季总有雨水相伴。岭南人民对水可谓非常熟悉而又亲切，认为水是财富的象征，以水为财。"猪笼入水"便生动形象地表达了财富如水、财源广进的美好寓意。而一首经典童谣"落雨大，水浸街，大哥担柴上街卖"，更是反映了以前下雨天城内街巷的生活场景，充满着童趣和回忆，为几代人所传唱。随着城市建设水平的提升，现今"水浸街"的情况已经少有发生。但岭南人民对于水的追逐和热爱，并没有随着岁月的流逝而有所减少。

进入初夏，岭南的气温逐渐升高，"亲水和玩水"就成为岭南人民重要的消暑、避暑方式。池中游泳、山涧溯溪、海滩踏浪、海上冲浪、水上派对等各式与"水"相关的游乐活动陆续拉开序幕，可谓老少皆宜，各有所爱。而其中有一项水上习俗更是精彩纷呈、张力十足，吸引全国乃至世界各地爱好者关注和观赏。岭南的龙舟竞渡最早的记载出现在唐朝，唐宋之后

龙舟龙头

招景日各村龙舟相互探访巡游

逐渐形成了在端午节举办赛龙舟活动的习俗，到明清时期，端午节的赛龙舟活动在民间已经非常盛行。岭南人民通过赛龙舟活动，祈求一年风调雨顺，族人团结奋进。时至今天，每到端午节前夕，岭南地区尤其是在河网密布的"南番顺"一带，各个村落的宗族乡亲开始把藏在河床的龙舟挖捞上来冲洗干净，是为"起龙"，然后进行"采青""点睛"，龙舟就此被正式"唤醒"。整个过程都展现着村落宗族内部团结协作的精神面貌。"唤醒"后的龙舟便可以派上用场，穿梭于各地大小河道，在村落和宗族之间不断探访，维系着彼此间的情谊。如每年广州车陂村招景日，来自不同地方兄弟村、老表村的龙船就会前来"趁景"，场面壮观而又亲切。而佛山盐步的"老龙"契爷与广州泮塘的"小龙"契仔之间的故事，流传至今已有四百多年，两地宗族乡亲一直保持着持久的往来，见证着时代变迁，延续着龙舟精神。

各处村落宗族的龙舟除了礼节性互访交流，还有更为夺目的重头戏：赛龙舟。各村落宗族乡亲为赢得龙舟比赛的胜利，会提前数月进行训练和团队磨合。划龙舟是一项团体运动，讲究舵手、鼓手、划手三者的配合无间，舵手掌握方向，鼓手掌控节奏，划手输出动力，各项分工配合稍有偏差，便会"失之毫厘，谬以千里"。当把所有力量都汇聚在正确的轨道上，龙舟便犹如水上腾飞的龙，疾速向前，旗开得胜。场面之澎湃，气势之逼人，气氛之紧凑，这就是赛龙舟引人入胜的原因。现今赛龙舟已经从一项地方习俗演变为一项国际体育赛事，广州国际龙舟邀请赛每年端午期间准时登场，吸引来自海内外过百支龙舟队伍参加，传播着国际友谊，弘扬着传统文化。

> 李昂英《水龙吟·观竞渡》："一声雷鼓，半空雪浪，双龙惊起。气压鲸鲵，怒掀鳞鬣，擘开烟水。算战争蛮触，雌雄汉楚，总皆一场如此。"

在龙舟竞逐过程中，有输有赢，总是在所难免，而通过一

龙船饭

龙船饭菜式

场龙船饭盛宴，宗族乡亲们便可把所有输赢抛诸脑后。延绵几十围，甚至数百围的龙船饭盛宴，乡亲们其乐融融，一派热闹祥和。不计一时输赢得失，但求风调雨顺，五谷丰登，乡情永续。这才是龙舟竞渡所追求的精神和意义。

相对于龙舟水的猛烈、龙舟竞渡的刚阳，七夕就来得温柔而美丽。民间相传农历七月七日仙女会下凡沐浴，其沐浴之水可避邪治病，称为"七夕水"。七夕当天也称为"乞巧节"或"七姐诞"，如此贤良淑德的名字，来源于古时候女子以织女（七姐）为榜样，每逢七姐诞就会向织女献上祭品，祈求自己能够像七姐一样心灵手巧，同时也希望能收获美满的姻缘。

秦观《鹊桥仙》："金风玉露一相逢，便胜却人间无数。"

岭南地区的乞巧节习俗活动也是历经岁月而不衰，正如南宋诗人刘克庄描述的"瓜果跽拳祝，暌罗朴卖声。粤人重巧夕，灯光到天明"，可见当时岭南地区乞巧节习俗活动的盛况。而始建于南宋时期的广州珠村，享有"中国乞巧第一村"的美誉。每年的乞巧节，珠村相关的习俗活动便会悉数登场，其中"摆七娘"是最隆重的庆典节目。在祠堂的乞巧供案上，排列摆放着上百件做工精致而又逼真的传统手工艺品，有各式七夕公仔、七娘盘、鹊桥等，甚至包括一些现代地标建筑，其中最为夺目的是一个做工精细的"珠村牌坊"。这些琳琅满目的手工艺品，都是心灵手巧的女子们的用心之作，而男子通过观察这些作品，便可细细感受到女子的贤良和聪慧。如果真遇上心仪之人，这些用心之作便成为姻缘红线，得以促成"有情人终成眷属"。

清末民初珠村举人潘名江《珠村七夕吟》："珠村大祠堂，要摆大七娘。小女勤乞巧，男儿换靓装。"

珠村牌坊工艺品（2024年珠村乞巧节）

鹊桥工艺品（2024年珠村乞巧节）

天安门工艺品（2024年珠村乞巧节）

在岭南地区炎炎夏日之时，品尝着"七夕水"，拜祭七姐祈求心灵手巧，并静下心来认真细致地制作手工艺品，这何尝不是一项远离烦嚣、陶冶性情、修心养性的习俗活动？而整个习俗活动的过程，更是把女子最为柔美的一面展现得淋漓尽致。凡间的柔情似水，恰如天界的七夕仙水，唯美动人，让世间男女永恒追寻。

## 踏足大地

冬去春来，春回大地，万物生长。踏春是全国各地都盛行的风俗习惯，到郊野山边徒步远足，感受大地春天的气息。岭南的春天更是春暖花开，气温舒适，适合踏春赏景，远足徒步。踏春没有固定的日子，没有固定的地点，可以在山野间徒步远足，可以在郊野田间赏花，也可以觅一处河边安静垂钓，只要心情萌动，在春光明媚时就可以约上家人或三五知己，赴一场春天的约会。而在清明时节，岭南很多地方还保留着上山祭祖扫墓的习俗。家族成员成群结队地提着祭品，沿着崎岖山路，除草开路，踏着春天的泥土，带着追忆和思念，奔赴一场生命之间跨越时空的对话。

而近年流行起来的露营，更是逐渐成为一种亲近自然，拥抱大地的户外活动。在草地上支起帐篷、天幕，摆放好台凳、烧烤炉、餐食工具以及食物等，犹如一场即兴的野外盛宴，每

从化流溪河水库沿岸

人都会在这场盛宴上找到自己的兴趣和"细艺"，烹制食材、泡茶品茶、冲调咖啡、谈天说地、草地漫步、尽情奔跑、翩翩起舞、观赏花草、挖土铲沙、垂钓捞鱼，甚至是躺平发呆，此时此刻，大地就像一位母亲，可以让我们完全沉浸其中，享受着大地温暖和踏实的怀抱。

春光美好，但适合举行户外活动的时间却也比较短暂，进入5月，岭南地区的暑热、潮湿、大雨等天气来临，远足、徒步、露营等很多户外活动也要陆续开始"放暑假"，静待9、10月略带秋意之时重出江湖。

重阳节有敬老和登高的习俗，也是老年人的节日，各地人们在重阳节当天登山祈福或开展敬老活动，有些地方还保留祭祖的习俗，慎终追远，饮水思源。登高和赏菊是重阳节必不可少的习俗活动，菊花寓意长寿、吉祥和追忆，广州及中山小榄等地的菊会或菊花展览在秋天便会如约而至，在各式由菊花构成的主题组景中穿梭，不同品种、颜色的菊花尽入眼帘，让岭南人民既可以大饱眼福，又可以"菊花须插满头归"。

此时岭南的秋意还并不太明显，仍然受到湿热天气的困扰，登高过程也时常感到发热和冒汗，但登到山顶后，站在高处，眺望远景的一刻，那种视野的开阔感和阵阵扑面而来的凉风，也足够让人心旷神怡，踏实平和，神清气爽。

在西江广东省德庆县段，西江栈道从江边一直延伸到山上，从高处俯瞰西江，便能感受大地之气、山河之美，与"不

西江德庆县段

尽长江滚滚来"有着异曲同工之妙。不论是感慨岁月蹉跎，还是追求宁静致远，登高总有意义。

随着岭南慢慢步入秋天，寒意始终有限，反而有着更为宜人的气温和湿度，让岭南人民再次踏足大地、感受自然。不论是海拔高低交错的山野路线、山与海相间的小径路线、田园村落的人文路线，还是城市街巷的City Walk、城市乐跑等，我们都可以从中感受不同的海拔视野、不同的地形地貌、不同的自然景观、不同的人文风情。

香港以国际金融中心闻名于世，高楼林立，商贸繁华，但这里不仅仅有国际化大都市的灯红酒绿和车水马龙，更有大自然赋予的海阔天空和山清水秀。得益于对生态环境保育的重视，香港郊野面积广阔，远足徒步路线清晰成熟而且多样性十足，生态保育、村落人文、地质公园、离岛小径等，都能让人从中欣赏到山水之间的绝美画面。

龙脊和西贡是其中两处风景优美、景观视野开阔、山海相间的热门旅行地，由于山路坡度适宜，徒步强度较低，补给完善便利，受到全球各地远足徒步爱好者的追捧。

西贡被誉为"香港后花园"，拥有美丽的岛屿和海滩，以及深厚悠久的渔村人文风情和独特的自然地质地貌。同时西贡还拥有大面积的郊野公园，当中包括香港联合国教科文组织世界地质公园和西贡东、西郊野公园，生态环境保育非常完善。香港非常著名、全长约100公里的麦理浩径，也是以西贡为起点。不论是徒步"初哥"还是"老手"，或是开展亲子活动的家庭，都能找到一条能够自主定制、长短适宜的路线。沿着成熟清晰的远足路径，翻过一个山头，穿越一片海滩，你将看到独特的火山岩柱、神秘的海蚀洞，还有路上偶遇的牛群、天空盘旋的飞鹰。在这里来一场"上山下海"的徒步之旅，便可充

香港西贡麦理浩径一、二段

香港联合国教科文组织世界地质公园

香港西贡码头

分感受大地的丰厚和自然万物的多彩魅力。

## 秋收冬藏

秋风起，吃腊味，是岭南传统的饮食习俗。虽然岭南各地入秋时间相对北方地区较迟，来到10月，炎热的天气可能还没完全消退，但在早上和夜晚还是能感受到一点秋意，而这便马上激发起岭南人民吃腊味的欲望。腊味的种类有腊肉、腊肠、腊鱼干、腊鸭等，如粤北连州等一些山区还有特色的腊猪脚等。与湖南、四川、贵州等地用烟熏的方法不同，广式腊味以自然风干为主，因此干燥的北风成为腊味制作的重要因素，而各地不同的口味习惯也影响着腌制调料的组合使用。

在物质还不是很发达的年代，岭南各地人民在秋收过后，便开始为冬季和来年做好食物储备。广州地区民间流行在冬至前后十来天的时间完成整个腊味制作。当天气晴好、北风飒爽之时，老广们便抓紧时间精选半肥瘦五花猪肉，结合自家口味配以酱油、盐、糖和不同类型的酒或香料进行腌制。米酒、汾酒、玫瑰露酒等不同酒类可以去除肉类的腥气，在带出肉质香味的同时散发出酒香。咸甜的程度也是各有喜好，有的地方口味偏甜，有些则以咸味为主。五花肉腌制过后，便挂在阳台或天台上静待自然风干。在合适的天气条件下，只需要几天时

西江边晾晒鱼干

间，腊肉便完成风干，收藏起来留待整个冬季慢慢享用。粤北山区由于北风更为凛冽，温度也比珠三角地区低，在腊味腌制过程中以盐为主，因此腊味口感更为爽口和自然。如连州腊猪脚，配以白萝卜煲汤食用，或者用作汤底用来打火锅，佐以胡椒，就是冬季里特有的一番风味和暖意。

如果觉得腊味略显肥腻，菜干则是岭南人民在秋冬季节，借助北风天来制作的一种健康食材。菜干的制作方法相对简单，在家中便可以轻松完成。老广们选用矮脚奶白菜，去除烂叶并洗干净，用开水烫软然后沥水，再把白菜一条一条分散晾在竹杠上，在北风和阳光下晾晒数天，菜身逐渐变硬而略带脆

晾晒菜干

感即可封存起来，在阴凉干燥的环境下存放一段时间后，菜干的阵阵香气就会自然透发出来，用来煲汤或煲粥都有极佳的口感，而且具有清热润燥的功效。

产于惠州市博罗县罗浮山下酥醪村的酥醪菜，属于芥菜品种，体型比矮脚白菜高大。其因清甜可口，有清热解毒的功效，被称为仙人菜。除了制作腊味而远近闻名之外，制作酥醪菜干也是酥醪村民在秋冬季节的传统习惯。酥醪菜在11月进行采收，洗净后用开水轻烫便可捞起晾晒，酥醪菜干就这样在罗浮山优美的自然环境、清劲北风和温煦阳光的沐浴下浑然天成。

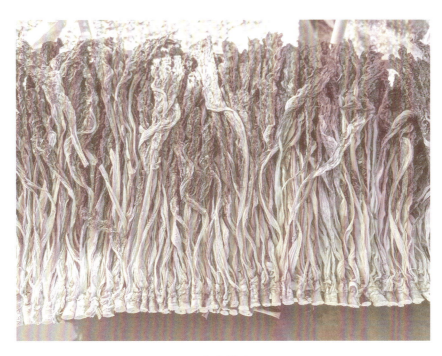

酥醪菜干

《集仙传》："安期生与神女会玄丘，酣玄碧香酒。醉后呼吸水露，皆成酥醪。"

岭南的秋冬时节相对而言是短暂的，但勤劳而极具智慧的岭南人民借着这段有限的时光，带着秋收的成果和喜悦的心情，趁着大自然恩赐的北风、阳光，结合当地当下时令的家禽和作物，制作起丰富的物产，为冬季和来年的生活做好储备。历经秋冬时节的物产制作和储备收藏后，岭南人民得以更有底气地、更踏实地去面对严寒冬季和来年的生活，这或许也是一种对殷实生活的理解和追求。

这些劳作习惯久而久之，便成为了世代相传的习俗。看似简单淳朴，但个中蕴含的人与自然和谐共生的哲理，以及人民对美好生活的展望与期待，都非常值得我们去参悟和品味。

十 感知四时，融入自然

## 在四季中爱自己

四时之气，各不同形，百病之起，各有所生。我们在一年四季里爱惜自己，就是对家庭、对社会最大的贡献了。中国著名的幼儿教育家与心理学家孙瑞雪在她写的一本书《我看见了你》当中，用诗歌来表达心理困境和成长感悟。书中有一首《我不知道如何爱自己》，其中一段是这样的：

"我不知道爱自己，
需要时间陪伴自己。
就像阅读一本顶好的书，
晒着太阳喝着自己喜欢的饮品，
懒懒地躺在躺椅上，
慢慢阅读着自己心灵的故事。
读懂身体每一个层面的需求，
也读懂我生命深处的呼唤。"

春生秋杀，四季流转，天地间的阳气，有必然的运转规律。春天和风细雨，夏天花树繁茂，秋天景色萧飒，冬天阳光和煦，各具其美。我们应该在每一天里爱自己。我们也会因为爱自己，而更了解四季，了解自然。英国诗人约翰·济慈在《人生的四季》诗中写道："四个季节把一年的时间填满，人的心灵也包含着四个季节。"

人与天地共生，地球上大部分生物都会受气候变化影响，以下我们一起来探讨如何进行四季养生。

## ᘒ 一年之计在于春

春季是阳气上升的季节，季节的变化交替容易导致疾病的产生，但此时也是调理身体的最佳时机。

《素问·四气调神大论》："春三月，此谓发陈。天地俱生，万物以荣，夜卧早起，广步于庭，被发缓形，以使志生，生而勿杀，予而勿夺，赏而勿罚，此春气之应，养生之道也。逆之则伤肝，夏为寒变，奉长者少。"

这里强调春天气候由寒转暖，阳气开始升发，此时养生宜顺应阳气升发舒畅，以养肝为首重。中医五行配五脏，认为肝木生心火，容易出现心情急躁、易怒、紧张、失眠等负面情绪。此时应多吃疏肝理气的食物，如饮玫瑰花茶、菊花茶等。

中医强调药食同源，"药王"孙思邈说春天应"省酸增甘，以养脾气"。春季少食酸味的食物，比如柠檬、果醋、酸梅等，吃多容易造成肝火太旺，影响脾胃消化，应多摄食微甜的食物。五谷杂粮类的紫米、燕麦、糙米、小麦、小米和胚芽，绿色蔬菜类如菠菜、番薯叶、秋葵、苋菜，干货类如红枣、桂圆、核桃、腰果、杏仁、莲子、百合等富含Omega-3及Omega-6（两种脂肪酸）的食物，有助于健脾养胃、养血补肝。同时也可吃一些辛香料如葱、姜、蒜、韭菜，它们也具有养护肝气之效。

春天，草长莺飞，树木生发。人们在春天也应该做到舒展畅达。因此强调内在呼吸导引，多用腹式呼吸，以呼吸意念导引对肝脏的调息养生，亦具有调节大脑和脏腑、宁心安神、调节气血的作用，对于神经衰弱、高血压、功能性的消化不良，都有很好的保健作用。

养生其实就是养气。养气首先要练调息。通过鼻吸嘴吐，意念气沉丹田，配合手的升降外展。鼻吸的时候手上举，吸气至饱满的程度双手外展，保持最慢的速度嘴巴吐气，双手同时缓缓放下。这些动作都要做到轻缓顺畅。做10至15个循环，一天不拘次数，每次身体微微出汗就可以了。

中医认为，"气"是人体器官发挥机能的动力，具有防御外邪的功能，推动五脏六腑的运行，使体表保持正常温度，防御各种病毒入侵。肺是我们血管的动力，就像风箱拉起来吹旺火苗一样。肺的动力充足，身体微循环的灌注量就能得到保证。元代医家邹铉在《寿亲养老新书》中总结出"养生七诀"：

"一者少言语养真气；二者戒色欲养精气；三者薄滋味养血气；四者咽津液养脏气；五者莫嗔怒养肝气；六者美饮食养胃气；七者少思虑养心气。"

广东人擅长煲汤，春天可以煲冬瓜薏米汤或者鸡骨草水鸭汤等祛湿汤水，并可以酌量加入白扁豆、茯苓、怀山药、赤小豆等具有祛湿功效的药材。煮大米粥时，可以加入新鲜怀山药、芡实、薏米祛湿健脾，尤其是新鲜怀山药，效果更好。健脾也可以使用方剂"四君子汤"：党参、茯苓、白术、甘草。

除此之外，还可以用艾叶、白芷、藿香等芳香气味的中药材制作成小香包，随身携带，提神醒脑。老人家也可以随身带着白花油、驱风油，不时涂抹提神。

### ☁ 闲居初夏午睡起

夏季是个繁盛的季节。一年四季里，最华丽和盈满的，当是夏季了，处处充满茂盛的气息，花开盈盈，华美无限。

《素问·四气调神大论》："夏三月，此谓蕃秀。天地气交，万物华实，夜卧早起，无厌于日，使志无怒，使华英成秀，使气得泄，若所爱在外，此夏气之应，养长之道也。逆之则伤心，秋为痎疟，奉收者少，冬至重病。"

这里告诉我们，天地气交的时节，人们应该尽情享受天地之气，别怕白天晒太阳。尤其夏至，阴气微上，阳气微下，是天地气交之时，能量丰聚，万物便茂盛华实，也是人们养足阳气的好时机。夏季起居要夜卧早起，适当地在户外活动，帮助体内阳气长盛。运动的时候，最好能出一身汗，因为出汗就是体内阳气向外宣通开泄的过程。

有一些简单易做的运动，适合长者，比如荡腿。选一个较高的椅子，人在端坐状态下，两脚自然下垂而足尖不触及地面。两脚悬空，前后摆动10至15次，并可以逐渐增加摆动的幅度，每天练习3至5次。开始摆动腿前，也可以在座位上小幅度、缓慢地左右转动身体3次，可以益肾强腰。

还有一个摩腰运动。人端坐在舒适的座椅上，穿宽松上衣，不妨碍摩腰动作。两手掌心相对，快速摩擦至微微发热，将两手掌心置于后腰，比较快速地上下摩擦。待手掌变凉后，再次搓热掌心，继续重复上述摩腰动作，直到腰部感觉发热。每天可以早午晚进行。

宋代诗人杨万里的《闲居初夏午睡起·其一》，描写了非常有趣的夏天生活。

"梅子留酸软齿牙，芭蕉分绿与窗纱。日长睡起无情思，闲看儿童捉柳花。"

他说，人们吃过梅子后，酸味还留在唇齿间，大片的绿色芭蕉叶映照在纱窗上，纱窗也变得绿意盎然。漫长的夏日，从午睡中醒来还没想好做什么，懒洋洋地看着儿童追逐空中飘飞的柳絮。悠闲的夏日午后，充满了无限柔情和生活情趣。

我们在热烈的夏天，往往都很有拼搏的冲动，拼命努力，奋发向前。这都是好事，但是偶尔给自己一些松弛感，也是夏天里的必要之事。画家何多苓曾说自己觉得每一件事，都要"松"才能做得好。太紧的人生，拧巴又焦虑，松弛下来，张弛有度了，反而事半功倍。

这正好也呼应了夏三月当中，一个蕴含了中国传统哲学智慧的节气"小满"。小满名称的由来与农作物的生长态势有关。《礼记·月令》说："四月中，小满者，物致于此小得盈满。"小满是夏季的第二个节气，此时农作物正处于不断饱满的过程中，比如北方地区的小麦正是籽粒灌浆饱满、将熟未熟的时候。中国第一部系统分析字形和考证字源的字书——东汉许慎的《说文解字》说："满，盈溢也。"所以，"小满"就可以解作"满而不足""满而不盈"这种刚刚好的意思。农作物如此，人生亦如此。人以五谷为养，以谷物逐渐成熟为满足，也将这种心情寄托于气候，盼得人生小满。

在岭南地区，夏季高温多雨，像蒸笼一样的天气，容易伤及人的脾胃。而一进室内就打开空调，又容易感染风寒。因此岭南地区长夏湿气最重，很多人都出现全身乏力、食欲不振等症状，需要保护脾胃。

脾有运化体内水湿的作用，喜燥恶湿；胃则需要水的滋润才能更好地消化，喜润恶燥。因而脾胃养生要有针对性。体质虚寒的人比较怕冷，常口中无味、小便清长。体内痰多湿重的人，常常感觉喉咙里有痰却难咳出，舌苔厚，大便稀烂，容易疲乏无力，需要提升体内阳气。夏天适宜多运动，让体内的阳气升起来，多吃温润的食物，少吃寒凉的蔬菜和水果，如苦瓜、冬瓜、西瓜等。体质偏热或者湿热的人，容易心烦怕热、口干舌燥、大便干硬，或者口气重，经常长痤疮、小便黄、大便黏腻。这类人需要清淡饮食，多吃清热养阴的百合、莲子和石斛等，以及清热祛湿的薏米、扁豆、荷叶和冬瓜等。随着年龄增长，人的消化功能也会逐渐变弱，老人家饮食更要清淡，少吃肥肉、辛辣、油腻等肥甘厚腻的食物，尽量低盐、低脂、低糖、低胆固醇饮食。

除了饮食，夏季三伏天还可以进行"冬病夏治、扶正祛邪、温通经络、防病保健"的三伏灸或者温针灸，以治疗颈椎病、腰椎病、类风湿性关节炎、风湿性关节炎等慢性疼痛性疾病，或者支气管炎、支气管哮喘、过敏性哮喘、过敏性鼻炎、慢性阻塞性肺病等呼吸系统慢病，以及治疗慢性胃炎，胃、十二指肠溃疡等消化系统疾病和调理平时体质虚弱、免疫功能低下的亚健康状态。但三伏灸使用的药物通常对皮肤有刺激性，少数人会起水疱。老人家要严格掌握贴药时间，以贴药后皮肤会有热熨感为撕除药物的时机。

## 秋天，最好的季节

夏日落幕，早秋开始。经历半年的辛苦和劳碌，好像所有能量都耗尽了，开始进入松弛感的时间。但是人们会发现，越是到了要丰收、要收获的时候，越容易感觉到空虚和匮乏，好像一切盛大和美好即将跟自己擦肩而过。此时，人们更容易怀念夏天的灿烂、蝉鸣与生机，因此内心反而更容易产生低落的情绪。

人们把它命名为"悲秋综合征"，在心理学上它被称为季节性情感障碍（Seasonal Affective Disorder, 简称SAD）。它是一种与季节变化相关的特定类型的情绪障碍，通常在秋季或者冬季开始，并在春季和夏季缓解，有很明显的季节性特征。

此时人们会出现一些常见的症状。比如，感到持续的悲伤、沮丧，情绪低落，对平时喜欢的活动失去兴致，或者自己觉得能量不足，做什么事情都容易感觉疲累，想要多休息。入睡很困难，躺在床上也会想很多事情。睡着之后又容易睡过头，不想起床。

人们好像更偏爱春夏这样充满生机和阳光的季节。但实际上中国人对秋天和春天一样喜爱。孔子用这两个季节来命名中国历史上一本非常重要的史书《春秋》。古时候，许多大事都发生在春季和秋季这两个季节，比如国家的庆典和祭祀，比如春耕秋收的农业活动，比如诸侯朝贡王室。人们用春秋二字来记载当时发生的事情。周朝的史书，也大都以春秋为名，再加上诸侯国的名字，比如周朝写《周春秋》、鲁国写《鲁春秋》、燕国写《燕春秋》。但这些史书大多数都在战火中消亡或遗失了，只有鲁国写的《鲁春秋》流传下来，孔子对它进行了认真的校对和修订，更名为《春秋》。这本书就成为春秋那段历史时期的史学著作流传后世了。

《素问·四气调神大论》："秋三月，此谓容平。天气以急，地气以明，早卧早起，与鸡俱兴，使志安宁，以缓秋刑，收敛神气，使秋气平，无外其志，使肺气清，此秋气之应，养收之道也。逆之则伤肺，冬为飧泄，奉藏者少。"

春秋季节，我们更要关心自己的健康。《黄帝内经》告诉我们秋天养生的方式。秋季三个月，起于立秋，经过处暑、白露、秋分、寒露、霜降，到立冬前一天为止，是气候由炎热转向寒冷的过渡阶段。这段时间，阳气渐收，阴气渐藏，是万物成熟收获的季节，天气清肃，大地明净，也是人体代谢出现变化的时期。人们应该跟从鸡群的作息，早睡早起，使情志安定平静，缓冲肃杀之气对人的影响。

中医有"天人相应"的理论，秋季与我们的心志、肺脏和呼吸系统，同属于"五行"中的"金"，因此，人们在秋季要收敛此前向外宣散的神气，不要让情志向外越泄，使肺气保持清肃，顺应秋气养护人体的收敛机能。人生志向是养心的关键。世间万物，大至宇宙星球，小至社会家庭，都是一个生命共同体。如果我们能敦伦尽分，保持淡泊宁静的心境，怀着豁达乐观的心态，就会不受秋季肃杀之气的影响。"敦"，就是行持；"伦"是指五伦关系，君臣、父子、夫妇、朋友、兄弟。敦伦尽分，就是教导我们做好自己的本分。我们在生活和社交中，往往因为很多琐事生气，这其实是没有分清楚自己的角色。心理学家阿德勒提出"课题分离"的概念，意思是所有事情都可以区分为"自己的课题"和"他人的课题"。当一件事发生时，无论好坏，都要先区分出这是谁的课题。然后每个人只专注于解决自己的课题就好，不要介入他人的课题，不要承担他人的情绪。

修养心志不只是秋天的功课，也是一生的学问。身心健康最大的障碍，莫过于私心杂念和贪欲嗜好。常言道："酒色财气四道墙，人人都在里边藏，若能跳出墙外去，不是神仙也寿长。"对一切人、事、物都要戒除不必要的贪求、执着和竞争之心。这些欲念也会形成一些长期的不良生活习惯和嗜好，不利于神气的清宁。

秋天湿气减少，气候变燥。树木因此枯黄落叶，保持津液养护自身。人体也要收敛津精，养护内脏。此时适宜吃些滋阴润肺的食物。老年人津液不足，容易肺燥伤津、口鼻干燥、皮肤干燥等，应多食用滋润的食物，多喝粥，如百合粥、杏仁粥、贝母粥等。

秋季虽然是丰收的季节，瓜果种类较多，但是人的脾胃功能已经有所下降，不能像夏天那样随意食用，否则容易出现胃肠道疾患，如下痢、便溏、完谷不化等。老年人脾胃功能衰退，尤其要忌食生冷瓜果，以防"秋瓜坏肚"。

秋季是健身和郊游的好时机。农历九月九日是重阳节，有赏菊登高的习俗。我们可以陪伴父母老人，一起到大自然登高远眺，让长辈饱览秋果累累的成熟美景，定会使老人忘记忧郁和惆怅，心情愉悦。

文学家加缪说，秋是第二个春。此时，每一片叶子都是一朵鲜花。

秋高气爽，是南方欣赏日落最好的时节。落日熔金，暮云合璧，让我们出门或趴在窗口，一起来感受秋日静谧又不张扬的美好，看一场橘子味的日落吧。

## ☙ 冬季，保养生命能量

冬季三个月，起于立冬，经过小雪、大雪、冬至、小寒、大寒，止于立春前一天，是中国人很重视的养生时令。

> 《素问·四气调神大论》："冬三月，此谓闭藏。水冰地坼，勿扰乎阳，早卧晚起，必待日光，使志若伏若匿，若有私意，若已有得，去寒就温，无泄皮肤，使气亟夺。此冬气之应，养藏之道也。逆之则伤肾，春为痿厥，奉生者少。"

这告诉我们，冬天草木凋零，水寒成冰，许多动物已入穴冬眠，不见阳气。人在这时也应顺从天地，进入闭藏状态，不要扰动阳气，应早睡晚起，以等待日光，去寒就温。将神志深藏于内心，安静自若。适宜住在小房间里，温暖衣衾，躲避严寒，但不能让皮肤过度温暖而出汗疏泄，这会损伤体内的阳气。总之，冬天要把自己藏起来。

冬天，不要吹寒风，老年人尤其要注意，寒邪会引起感冒，引起咳嗽逆气、麻痹昏眩等。冬季阳气在内，阴气在外，老年人多有上热下冷的问题，骨疏肉薄，容易引起外疾，因此冬天不宜过早出门，以免被寒霜所犯。

这就是"冬藏"的养生之道。假若违背了，就会损伤肾气，来年春天就会产生一种手软脚软的痿厥病。所谓"冬不藏精，春必病瘟"。

此外，在冬季还要注意掌握冷热。不宜穿着过厚，适宜逐渐加厚衣物，到刚好不冷就可以。

冬月肾水味咸，恐水克火，造成心脏生病，饮食适宜减咸增苦。冬三月适宜饮粥。比如核桃粥。核桃仁加上大米，一比一的比例，洗净，同放锅内煮熟即成，可供早晚餐作为点心食用。核桃仁有补肾健脑的功效，长期食用，能祛病延年。

万事有度，"藏"也讲究分寸。阳光也会给我们带来强大的生命力。长时间不见阳光，会导致人体内褪黑素分泌减少，影响睡眠质量，也会阻碍血清素和多巴胺的合成和释放。现代青少年长期在室内学习和生活，缺乏晒太阳的机会，这也是导致抑郁症状增加的原因之一。大自然是这个世界上最好的疗愈大师。人与大自然有一种原始的、本能的联结。心理学有一个词叫"自然联结感"，指个体对自然的情感依附，包括个体对自然的喜爱，以及处在自然环境中的自由感、亲密感和同一感。大自然虽然沉默，但它让我们在无限的空间里，自由地去体验和经历，发现和塑造自我。

追随大自然，未必就要去郊外或者遥远的地方，其实城市生活中也随处可见大自然的踪迹。比如在阳台种花，在水杯里插根葱，种棵薄荷，栽盆金不换。逛菜市场，吃应季食材，自己回家慢慢悠悠做顿饭。去户外散步、钓鱼、观鸟，看日落日出，看星星月亮，拍拍照片，发个朋友圈，跟老朋友们互相分享。记录你每天所见的好天气，每天拥有不一样的好心情。

除此之外，冬天还可以适当做一些简单的运动养气活血。比如搓揉耳朵。耳朵含有许多穴位，早上起床，可轻轻搓揉耳朵，对于血气运行有很大的帮助。搓面法：每天清晨，搓热双手，以中指沿鼻部两侧自下而上，到额部两手向两侧分开，经颊而下，可反复十余次，至面部轻轻发热为度，可以使面部红润光泽，消除疲劳。叩齿法：每天清晨睡醒之时，牙齿上下叩合，先叩臼齿30次，再叩前齿30次，有助于坚固牙齿。咽津法：每日清晨，用舌头抵住上颚，或用舌尖舔动上颚，等唾液满口时，分数次咽下，有助于消化。搓手心：手掌也有许多穴位，每日趁着空闲时间双手合拢，摩擦揉搓五分钟，可以舒筋活血。梳发：将双手十指插入发间，用手指梳头，从前到后按搓头部，每次梳头50至100次，有助疏通气血，清醒头脑。冬天醒来后不妨在被窝做完这些简单易行的运动，再缓缓下床梳洗。

《孝经》云："身体发肤，受之父母，不敢毁伤，孝之始也。"让我们从这里开始，善待自己，关爱自己，也是让家人安心的第一步。

（金梦瑶　撰写）

十一

自我感知

## ❧ 感知岁月变化

人的一生，随着年龄的增长，身体会处于不同的状态，从10—20岁的发育成长、30—40岁的稳定成熟，到50—60岁的渐入衰退、70岁之后的步入衰老。在每一个阶段，身体各功能脏腑器官及部位都会发生相应的变化，这是自然规律。不经意间，在我们的身体上流露出岁月的痕迹。我们可以认真细致地观察这些从身体中流露出来的表象，从中感受到身体相应的变化，有助于及时了解自己的身体状态。中医在两千多年前就发现人体进入50岁之后就开始进入衰退过程，肝脏会首先开始衰弱，之后是心、脾、肺，最后是肾。

《灵枢·天年》："人生十岁，五脏始定，血气已通，其气在下，故好走。二十岁，血气始盛，肌肉方长，故好趋。三十岁，五脏大定，肌肉坚固，血脉盛满，故好步。四十岁，五脏六腑十二经脉，皆大盛以平定，腠理始疏，荣华颓落，发颜斑白，平盛不摇，故好坐。五十岁，肝气始衰，肝叶始薄，胆汁始减，目始不明。六十岁，心气始衰，苦忧悲，血气懈惰，故好卧。七十岁，脾气虚，皮肤枯。八十岁，肺气衰，魄离，故言善误。九十岁，肾气焦，四脏经脉空虚。百岁，五脏皆虚，神气皆去，形骸独居而终矣。"

每个脏腑都有对应的身体部位，观察身体不同部位的表象情况就可了解对应脏腑的衰退状态。肝开窍于目，肝脏衰退，对应的眼睛会受到影响，尤其是近年手机应用和视频的普及，手机使用时间的大增导致用眼过度，一般而言50岁之后才开始的眼睛衰退老花现象，来到当下，不少人40岁之后就陆续开始出现。心脏的衰退，会导致血气运行相应减弱，面色容易显得暗淡，心情也容易受到困扰，尤其是在退休前后这段时间，生活状态的变化起伏，对心情的影响较大，需要保持良好的心态和生活作息规律。脾胃功能的衰退，会影响身体的消化吸收功能，肌肉力量会相应减弱，人也变得消瘦，四肢容易感觉倦怠，因此需要注意日常饮食。一方面减少食用难消化的食物，另一方面通过饮食疗法等增强脾胃的运化功能。肺功能的衰退，会影响气血津液的运行输布，皮肤毛发会变得干枯，肺部因为功能衰退而更容易受到外邪感染。适当的运动可以增强心肺功能，同时需要注意在天气变化时免受风寒外邪。肾脏功能的衰退，会使人体骨骼变得脆弱，容易跌倒后骨折，因此尤其需要注意出入行走时防止跌倒。随着精力和记忆力减退，头发会逐渐脱落稀少，也可通过食疗方法和规律作息等方法得以减缓。

《素问·六节藏象论》："心者，生之本，神之变也；其华在面，其充在血脉。"

"肺者，气之本，魄之处也；其华在毛，其充在皮。"

"肾者，主蛰，封藏之本，精之处也；其华在发，其充在骨。"

"肝者，罢极之本，魂之居也；其华在爪，其充在筋，以生血气。"

"脾、胃、大肠、小肠、三焦、膀胱者，仓廪之本，营之居也，名曰器，能化糟粕，转味而入出者也；其华在唇四白，其充在肌。"

不同人所处的生活环境、经历际遇，以及性格心态等各有不同，个体差异比较大。因此处于不同年龄阶段、不同脏腑功能衰退所对应的时间进程和表象也不尽相同。尤其在当下，生活节奏紧张，工作压力较大，某些人群中会出现不同程度的早衰现象。人体衰退难以避免，但也无须畏惧，我们能做的是持续观察并了解这些表象和原因，并采取相应措施尽量延缓这些现象出现的时间，以及降低其对身体和生活的影响，从而安度天年。

《灵枢·天年》："人之寿夭各不同，或夭寿，或卒死，或病久，愿闻其道。岐伯曰：五脏坚固，血脉和调，肌肉解利，皮肤致密，营卫之行，不失其常，呼吸微徐，气以度行，六腑化谷，津液布扬，各如其常，故能长久。"

## ✑ 由眼看神

中医认为，"神"是人生命活动的总称，包括精神、意识、思维、感觉、情志等各方面的生理及心理活动。"神"以精、气、血、津液为基础，和脏腑功能息息相关。整体观念是中医学的特点之一。眼睛虽然是局部器官，但它和人体脏腑经络都有着密切的关系，最能反映脏腑精气的盛衰。

《灵枢·大惑论》："五脏六腑之精气，皆上注于目而为之精。精之窠为眼，骨之精为瞳子，筋之精为黑眼，血之精为络，其窠气之精为白眼，肌肉之精为约束，裹撷筋骨血气之精，而与脉并为系。"

五脏六腑的精气，都上行汇聚于眼，从而使眼睛能够辨五色、视万物，其中肾精（骨之精）濡养瞳孔，肝精（筋之精）濡养黑睛，心精（血之精）濡养眼内外眦血络，肺精（气之精）濡养白睛，脾精（肌肉之精）濡养眼睑。古代医者根据眼和脏腑之间的关系建立了五轮学说，将眼部大致分为肉轮、血轮、气轮、风轮、水轮，分别对应眼睑、眼眦、白睛、黑睛和瞳仁，分属脾、心、肺、肝、肾五脏。只有心血充足、肝气条达时，肾脏所藏的五脏六腑的精气才能借助脾肺之气的转输，循经络到达眼睛。

我们常说眼睛是心灵的窗口，就是说可以通过眼睛感受到人的精神状态或者心理活动，如"眼神凌厉"暗藏着肃杀之气，"目光炯炯有神"表示眼睛神气充足，"慈眉善目"表示眼神让人感觉到平和亲切。如一些接近百岁的老人，仍然保持好气色、双眼有神，这就是显示其肾精足，肾脏功能稳定。"神"不足的时候，表示其身体肝脏功能和肾脏功能有所欠缺，导致神经衰弱，睡眠不足，容易疲劳等症状；相对地，"神"也不是越多越好，也有过度的时候，神气过度代表身体的代谢过度，神经功能亢进，肝火旺，导致难以入睡。

## 观脸察色

粤语有句话，"看人面色"，意思就是有些事情要看别人的情绪好坏及喜好才可以办成。同样地，我们有时候会说"你今天面色不错"，意思就是精神状态很好。"面色"是一种来自身体及精神状态的反应。中医把面色与五行相对应，分为五色——赤、青、黄、白、黑。正常脸色应是红黄隐隐、明润含蓄的，而偏向某种颜色的脸色，往往暗示着不同的健康问题。赤、青、黄、白、黑——脸色虽不同，但都有正常与异常之分。总的说来，光明润泽是正常的脸色，而晦暗枯槁或某色独见于不应该出现的部位，都属于病色。

> 《灵枢·邪气脏腑病形》："十二经脉，三百六十五络，其气血皆上于面而走空窍。"

面部络脉丰富，气血充盛，加之面部皮肤薄嫩，故色泽变化易于显露于外。脏腑气血的盛衰，邪气对气血之扰乱，都会在面部有所反映。每个人都想要白里透红的面色，因为这样的面色代表身体好，血气运行好。

《望诊遵经·五色相应提纲》："尝考《内经》望法，以为五色形于外，五脏应于内，犹根本之与枝叶也。色脉形肉，不得相失也，故有病必有色，内外相袭，如影随形，如鼓应桴。"

面色白主虚、寒证、虫症。面色发白、虚浮多属阴虚，可见于慢性肾炎、哮喘、甲状腺功能减退。面色淡白无华多属血虚，见于贫血病人。面色苍白多见于急性病的阳气暴脱，如大出血、休克引起的血容量急剧下降，以及剧烈的疼痛。面色灰白多见于铅中毒、肠内寄生虫病（面部灰白兼见白点或白斑）。

面赤主虚热、实热、血瘀。高血压导致面部红亮；结核病患者两颧部呈现绯红色；红斑狼疮导致面颊出现蝶形红斑；心脏有病两颐（两颊及腮）呈赤色；煤气中毒时，面部泛出樱桃红色；急性感染所引起的高热，常见面部通红并伴有口渴，甚至出现抽搐。

面青色主寒、痛、瘀血、惊风。面色青白多见于阴寒内盛，气血凝滞。常见风寒头痛或里寒腹痛。面色发青以鼻柱、眉间、口唇为甚，在小儿高热时为惊风之兆。面色青紫多见于周围循环衰竭、心力衰竭、呼吸系统疾病引起的缺氧及某些内脏剧痛疾病，如心绞痛和胆绞痛等。

面黄色主湿、主脾虚。面色鲜明色如金色属湿热，为阳黄，多见于急性黄疸型传染性肝炎、急性胆囊炎、胆石症及中毒性肝炎。面色晦暗，色黄如土少光泽，属寒湿，为阴黄，多见于肝硬变、肝癌、胰头癌等。面色淡黄干枯或虚肿，同时见口唇苍白，但巩膜不黄，称为"萎黄"，是脾胃气虚之象，也是黄肿病的症状，多由于失血或大病之后气血亏耗或感染寄生虫病等。

面黑色主寒、痛、瘀血、水饮、肾虚。临床常见面部黑色变化，面色黧黑多为长期慢性疾病，肾精亏损，如肾上腺皮质功能减退、慢性肾功能衰竭等。面色青黑多见于寒凝瘀阻、剧烈疼痛。面上有紫点、面色灰黑常见于症瘕积聚、心肺瘀滞，如肝硬变、肝癌、慢性心肺功能不全等。

婴儿的脸是洁净的，断奶吃食物后才显示出心、肝、脾、胃、肾的能力。随着年龄越大，脸上表现出来的状态越多，不外乎有痘、色斑、痕、纹路。一般青少年以痘表现，中年人以皱纹表现，老年人以斑表现。面部的各个部位与相应的脏腑经络相联系。

《素问·刺热》提到五脏在面部对应的部位，"肝在左颊，肺在右颊，心在颜（额上），肾在颐，脾在鼻"。面部某个部位出现异常颜色，就是身体对应的脏腑给我们发出的警报，如很多人有酒糟鼻，而鼻对应脾，即提示体内脾胃湿热；当左边面颊出现色斑，左颊对应肝，即提示有肝郁了。所谓

"有形于外，必有诸于内"，身体外在出现异常，那就是身体内出现问题的反映。

## ⌒ 望唇之华

嘴唇也能反映脏腑器官荣衰的部位，所谓"脾主肌肉，其华在唇，开窍于口"。"廉颇老矣，尚能饭否？"这个经典故事流传至今，说明古人已经懂得可通过一个人的胃口和食量来判断身体的状态。脾和则能知谷味，所以胃口好的人脾胃之气也足。脾胃好，血气充盈，嘴唇颜色就会有所体现。

> 《素问·金匮真言论》："中央黄色，入通于脾，开窍于口，藏精于脾。"
>
> 《素问·五脏生成》："脾之合肉也，其荣唇也。"

唇色望诊，是通过观察唇部的色泽变化，来判断人体内脏的生理、病理变化，以预知人体所患病症。正常人的唇色红润、明亮，若唇色发生变化则为病色。

嘴唇颜色为深红色或鲜紫红色时，提示身体里因能量过剩而产生火，颜色越深代表体内火越大。岭南气候多引发"热气"或"湿热"，此时嘴唇就会呈现比平常更为明显的红色，尤其在身体发热之时，红色最为"鲜艳"，犹如胭脂。当我们通过用药或者饮凉茶降火退热后，嘴唇的鲜红、深红色会恢复正常颜色，显示此时体内的"热"退得差不多了。

嘴唇为淡白色提示身体里气血不足，无法充盈嘴唇显示出红润明亮的颜色。一个人因术后或其他原因出血，身体虚弱，唇色也会显得苍白。当身体日渐恢复，气血得到补充后，唇色就会恢复正常颜色。

嘴唇为青黑或黑紫色提示身体气血瘀滞，身体多伴有胸闷、嗳气，胸部偶有刺痛、寒证、痛症等，这类人群还需注意血管性病变，如血栓塞、中风等；嘴唇周围的皮肤泛起一圈黄色提示体内湿气重，身体容易困倦；嘴唇周围泛黑色则存在肾气、脾气亏虚的情况，常有食欲下降、消化较差、下肢沉重感、小便多等症状。

## 以舌为镜

舌头是人体内脏的一面镜子。经络直接或间接与舌联系，五脏中心开窍于舌，脾开窍于口，舌苔乃胃气所生。正常的舌象是淡红舌，薄白苔。舌头小而提示五脏之精不足，若小而硬则为五脏有疾。舌头左侧大为肝不升，右侧大为胆不降。舌苔白厚湿润提示有寒湿；舌苔黄腻提示有湿热，同时多伴有口干、口苦。

岭南地区很多人的舌头都是胖胖大大的。舌头胖大，舌头不是很湿滑，但是舌边带齿痕，提示气虚；舌头胖大，舌面带齿痕，但舌头很湿滑，这种是什么？是湿气重。舌头胖大、很湿润，但舌色淡白，提示阳虚，运化水湿能力差。

"阳化气，阴成形。"阴是大家能看得到的东西，阳是看不到的东西。比如看到舌头中间是塌陷的，这是脾胃阴虚，脾胃功能不强，往往消化液分泌不足，或者胃肠蠕动能力比较差。阴虚的人会比较躁动，舌头又薄又小。三角舌在中医的望诊以及过去中医的面相里面说的是"长舌妇"，就是特别会传话的那种人，因为身体状况决定了性格，或者说性格决定了身体状况。有的时候这是一个循环。此外，阴虚的舌头，其裂纹也比较多，这时候可以适量用地黄来滋阴补液。

有些阴虚可能是阴阳两虚，舌头可能也是那种胖大的，所以要四诊合参。当我们看舌头的时候，发现舌尖区域有一点塌陷，则代表颈椎有问题，导致头部供血不足。头部供血不足会出现失眠，或者说会出现偏头痛，也可能会出现后脑勺痛。舌下的络脉青紫曲张，提示体内有瘀血，易患冠心病。

"夫湿热有自外入者，有自内生者。"岭南的湿热为何如此之多？岭南地区地土卑下，阴雨时多，气候潮湿，天气炎热，夏秋季节郁闷熏蒸，最容易导致湿热合邪侵犯人体。在这种环境下不慎涉水淋雨，久居湿地，酷暑搏聚，湿热之邪就会从外而入。湿又寄旺于四季，所以一年之中都会感受湿邪。现在很多成年人一伸舌头就看到厚厚的黄腻苔，这种人往往是喝酒多，辛辣油炸、油腻、甜腻食物吃得多。脾胃湿热蕴阻的时候人很容易困倦，浑身乏力，小便不利，大便黏腻，皮肤和头发爱出油，吃饭的时候头汗特别多。

自我感知并非只对外在的观察，还有对自身内在的感知。古人运用"内观"的方法，看到自己身体内的五脏六腑。我们可以在安静的环境中，找到自己舒适的体式，完全放松地感受自己的身体，最开始我们先听到自己的呼吸，其后我们能感受到被日常生活与纷扰的思绪掩盖下的身体的各种感受，自我感知就这样被慢慢打开。

（刘诗韵　撰写）

归来是少年

## ❧ "边吃边悟"的人生

"黄州惠州儋州"，这是苏轼对自己一生主要经历的总结。苏轼被誉为宋词豪放派的代表人物，尽管际遇坎坷、数次遭贬，但始终保持着一颗豁达的心，从不因为外部环境而改变自己的处世态度和生活方式。其中他在窘迫之际仍对美食有所追求的故事，一直为世人津津乐道。

在黄州时，苏东坡创制东坡肉："黄州好猪肉，价贱如泥土。贵者不肯吃，贫者不解煮，早晨起来打两碗，饱得自家君莫管。"在岭南地区时，他爱吃荔枝："日啖荔枝三百颗，不辞长作岭南人。"在海南时，他烤制生蚝："冬至前二日，海蛮献蚝，剖之得数升肉。与浆入水，与酒并煮，食之甚美，未之有也。又取其大者，炙熟。正尔啖嚼，又益煮者。"每一个地方的食材，在苏轼的烹制和描述下，都成了跃然纸上的地道美食，并且被传颂千年。

苏东坡在各地生活时对美食的种种创作、欣赏和赞美，在今天的我们看来他不就是一个地道的"吃货"?! 但透过这些美食我们看到的却不是一个简单的"好吃之徒"，美食背后蕴藏着的是苏东坡真正的豁达和在逆境中坚韧的内心，即使在生活并不如意的时候，他仍然没有失去发现和欣赏身边美好事物的心境和能力。试想一下，如果我们碰到不如意的事情，可能会表现得无精打采，茶饭不思，心怀不忿，还哪有心情去欣赏或是制作美食？

古人在郁郁不得志之时，或是寄情于山水，或是沉迷于酒醉，而苏轼却是钟情于美食，虽也爱酒但不沉溺，甚至还自己动手酿酒。在苏轼眼里，或许酒也是一种美食而不可错过。不游历山水，不酒入愁肠，而是留下来继续生活和工作，这是一种积极而且务实的态度，也是真正的人间清醒。通过美食，苏轼能更好地融合当地文化、感受民风民情，和人民打成一片，不如意的经历在美食面前被抛诸脑后。既来之，则安之。心安了，每一个地方都可视为"吾乡"；心安了，每一次归来都显得容颜年少。不管身处怎样的环境，内心始终从容面对。这样，人生道路同样精彩灿烂。

《定风波·南海归赠王定国侍人寓娘》（节选）

苏轼

万里归来颜愈少，微笑，笑时犹带岭梅香。

试问岭南应不好，却道：此心安处是吾乡。

## ❧ 来去自如

人生是一个旅程,从呱呱坠地来到这个世界,我们就开始走上一条属于自己的道路。每个阶段有苦与乐,有顺境也有逆流,有精彩也有遗憾。能一帆风顺走完当然值得庆幸,但很多时候都会受到各种因素影响而让人身心疲惫、进退失据。在人生的不同阶段,身体会出现相应的变化,人要学会面对疾病和痛苦。生活际遇和身心状态,都可能成为人生旅途上的荆棘和风霜,这便需要我们时刻有所准备。

《小窗幽记》(节选)

陈继儒

花繁柳密处,拨得开,才是手段;

风狂雨急时,立得定,方见脚根。

李白在《拟古十二首》中写道:"生者为过客,死者为归人。天地一逆旅,同悲万古尘。"在人生的旅途上,谁都逃不了"过客"和"归人"的身份和过程,不论是"过客"还是"归人",最终都会"殊途同归"。既然所有人都会面对一样的结局,如果我们知道为何而来,为何而去,便可坦然面对。李清照的"生当作人杰,死亦为鬼雄",便很好地诠释了人生

"为何而来"和"为何而去"的其中一种目标和境界。更为值得称道的是，这是一种超越了生死的气魄和态度、畅行于天地之间的无所畏惧。我们不只是人生的"过客"和"归人"，人生还有很多选择，有很多值得期待。

其实人杰与普通人相差的，往往也只是一念之间，并不是一定要如何杰出、如何成功才能称为人杰。对于自己的人生而言，正如粤语谚语所说，"人一世，物一世"，人生有限，拥有的即使再多，也只是暂时的，能珍惜当下、敢于尝试、勇往直前，过好自己的人生，自己便成了人杰。

感知天地四时的变化，感知身心的变化，并作出相应的准备和行动。懂得在什么时候做什么事情，即使面对身体上的不适、生活上的忧愁、际遇上的不堪、心理上的困惑，也会表现得更加自如，在人生的漫漫路途上求得身心的自在。

《菜根谭》（节选）

洪应明

宠辱不惊，闲看庭前花开花落。

去留无意，漫随天外云卷云舒。

## ⚬ 人生一甲子，过后又重生

人生过了60岁，便走完了一个甲子。来到"六十耳顺"，好听的、不好听的，赞成的、反对的，所有来自外界的声音，对于自己而言，身心已不会有困扰和包袱，没有大惊小怪，都能平静对待。这不是到了60岁就能自动获得的能力，而是有所经历、有所感悟之后才能做到。粤语有个俗语叫"左耳入，右耳出"。这句话经常被家长用于教育小孩，因为小孩老是忘记一些道理、一些规矩而调皮捣蛋，家长要不停说教，但却收效甚微，小孩还是自得其乐，我行我素。有趣的是，这句"左耳入，右耳出"与"耳顺"，两者的出处虽然相隔千年，但有着几分神似，都是对外界声音、信息的屏蔽或者过滤。只是对于小孩而言是"无心之失"，对于花甲之人是"自我调整"。不论是客观因素还是主观条件，两者所面临的状态也是相似的，都能以自我为中心，专注于自我而不受外界干扰。

61岁被称为"还历寿"。60年一甲子走完一轮后，新一轮便从61岁开始，所以称为"还历"。按照有些地方的习俗，花甲过后的年龄可以从1岁算起，人生七十古来稀，古稀之年其实也就是10岁。这也是为什么我们常说"返老还童，返璞归真"。常说老人家越活越像一个小孩，原来从这样的年龄计算方法而言，确实可以越活越小。

"天真"这词一般用来形容孩童，天真烂漫更是一种来自小孩的美好状态。但"天真"并不是小孩独有，而是有着更深层次的意义。古人一直追求的这份"天真"，是一种顺应自然节奏，不受太多来自社会负面因素的影响和"污染"，更为专注、更为纯粹的状态和境界。人生经历了一个甲子之后，再次为我们提供进入"天真"状态的机会。这份"天真"与孩童时期的"天真"有所同，但又有所不同。相同的是"真实无邪"，不同的是经历过后的"活得通透"。这也是"从无到有"再到"从有到无"的人生历程，"从无到有"或许来得容易，但"从有到无"就需要主动放下。放下了身心的包袱和枷锁，与天地共融，"天真"就会自然流露。甲子之后，要好好寻回并享受这种顺应天地自然的"天真"。

年轻的时候还未能如愿的事情、未能实现的愿望、未能体验的兴趣、未能感受的愉悦，甚至是未能尽到的责任，都可以身体力行重新出发、重新感受、重新认识。甲子之后是人生一个阶段的结束，更是一个新阶段的开始。人生，其实一直在路上。

知自己，知天地，尽人事。